CLAVES PARA PREPARAR OFERTAS COMPETITIVAS Y RENTABLES EN CONSTRUCCIÓN Y MONTAJE

CLAVES PARA PREPARAR OFERTAS COMPETITIVAS Y RENTABLES EN CONSTRUCCIÓN Y MONTAJE

GUSTAVO CINCA

Claves para Presentar Ofertas Competitivas y Rentables en Construcción y Montaje. Segunda edición, ampliada y actualizada (Primera edición: "Presente una Oferta Ganadora")
Autor y Diseño de Portada: Gustavo Cinca **Publicado por:** Publicación independiente **Fecha de publicación:** Abril 2025

Contacto: [info@calculatemanhours.com]]

CONTENTS

CHAPTER 1

Prefacio

LO QUE ESTÁS POR LEER NO ES SOLO UN MANUAL TEÓRICO.

Es el resultado de más de treinta años de experiencia directa en obras reales.
De licitaciones ganadas y también de errores cometidos.

De aprendizajes obtenidos en el terreno, al frente de proyectos complejos en entornos industriales exigentes.

Este contenido fue desarrollado con un objetivo muy claro:

Brindar herramientas prácticas y accesibles a quienes trabajan o se están formando en el mundo de la construcción y el montaje.

Está pensado especialmente para estudiantes avanzados, recién graduados, técnicos, ingenieros y también para profesionales con trayectoria que buscan repasar fundamentos y actualizar sus criterios a la hora de preparar una propuesta económica.

Si alguna vez participaste en una licitación, sabes que no alcanza con tener buena voluntad. Hace falta método, análisis y un criterio realista basado en la experiencia.

Este libro busca justamente eso:
Acortar la distancia entre la teoría y la práctica.

Y ayudarte a construir ofertas técnicas y económicas sólidas, competitivas... y rentables.

CHAPTER 2

Introducción

LA OFERTA: PUNTO DE PARTIDA DEL ÉXITO

Una empresa contratista solo puede sostenerse en el tiempo si cada obra o servicio que ejecuta es rentable. Ahora bien, si ese proyecto parte de una oferta mal planteada, con errores o deficiencias, lo más probable es que los números no cierren... y no se alcance la rentabilidad esperada. **Por eso, el éxito de un contratista no comienza en la obra**. Comienza mucho antes: en el momento en que elabora y presenta una oferta sensata, bien fundamentada y realista en cada licitación o concurso.

Propósito y Destinatarios de Este Manual

Este manual, titulado "Claves para Presentar Ofertas Competitivas y Rentables en Construcción y Montaje Industrial", fue diseñado para guiar paso a paso a quienes tienen la responsabilidad de preparar y controlar propuestas en procesos licitatorios.

¿A quién está dirigido? A propietarios, accionistas y coordinadores de licitaciones en empresas contratistas o subcontratistas, especialmente en los sectores de la construcción y el montaje industrial. También está pensado para profesionales recién recibidos, técnicos en formación y veteranos con experiencia en el tema. Y más allá de los roles principales, esta guía resulta valiosa para cualquier integrante del equipo que participe —ya sea de manera directa o indirecta— en la elaboración de ofertas o propuestas técnicas y económicas.

Cotizar Bien: Un Equilibrio Delicado

Cotizar con precisión no es solo un buen hábito. Es una condición necesaria para luego ejecutar un contrato de manera rentable. Porque si una oferta se presenta con un precio muy por debajo del promedio del mercado, puede parecer tentadora para el cliente... pero será un problema para el contratista. Los gastos superarán los ingresos y el proyecto se volverá insostenible.

Por otro lado, si el precio es demasiado alto, probablemente se pierda la oportunidad de ganar la obra. Tal vez el daño no sea tan inmediato como en el primer caso, pero igual impacta: la empresa absorbe el costo de preparar una propuesta que no prospera, y eso afecta sus finanzas y su crédito con el cliente.

Una Guía Práctica Hacia Presupuestos Inteligentes

En resumen: una oferta bien armada requiere equilibrio, análisis y sentido común. El propósito de este libro es justamente ese: brindarte una guía clara, práctica y útil para ayudarte a presupuestar de forma inteligente. Cada propuesta económica que presente tu empresa es clave para su sostenibilidad.

Por eso, en este manuscrito vas a encontrar una explicación detallada de todos los aspectos que deberías tener en cuenta en cada etapa del proceso. Y hacia el final, se incluyen ejemplos prácticos que te van a permitir aplicar los conceptos con facilidad.

Claves para Quien Prepara la Oferta

A la hora de elaborar un presupuesto, es importante que la persona —o el equipo— a cargo cumpla ciertas condiciones básicas. Por ejemplo:

- Que haya analizado con detenimiento los pliegos y documentos de licitación, para asegurarse de cumplir con todos los requisitos.
- Que tenga experiencia directa en obras similares... o al menos se haya asesorado con colegas o especialistas en el tema.
- Que disponga y conozca bien las tablas de tiempos históricos y el tipo de equipamiento necesario para ejecutar cada tarea.
- Que trabaje con responsabilidad y revise cada parte de la propuesta con atención, para evitar errores.
- Que entienda los recursos disponibles y la capacidad operativa real de la empresa en que trabaja.

La Experiencia que Respalda Este Libro

Este manual se basa en la amplia trayectoria del autor, quien ha trabajado como jefe y director de obras en plantas de procesos químicos, refinerías, gasoductos, plantas compresoras y centrales térmicas, tanto en el país como en el exterior.
Su carrera culminó con la fundación y presidencia de una empresa de construcción y montajes que se convirtió en referente en el sector. Durante ese recorrido, el autor ha preparado y revisado cientos de presupuestos, tanto para reformas en plantas industriales como para instalaciones nuevas.

El Resultado: Ofertas Más Competitivas y Rentables

Así que, si decidís poner en práctica los consejos y sugerencias de este libro, tus propuestas económicas no solo serán más competitivas... sino también mucho más rentables. Porque, al final del día, un presupuesto bien calculado y competitivo es una de las herramientas clave para que tu empresa opere con previsibilidad y sin sobresaltos.

CHAPTER 3

Introducción al Concurso de Precios

¿QUÉ ES UN CONCURSO DE PRECIOS?

Dentro del proceso de compras en proyectos técnicos o industriales, uno de los mecanismos más comunes para seleccionar proveedores de bienes o servicios es el **concurso de precios**.

¿En qué consiste? El adquirente (cliente o contratante) invita a varios posibles proveedores (proponentes u oferentes) a presentar sus ofertas. Estas deben entregarse en sobre cerrado y cumplir con requisitos técnicos y comerciales específicos, definidos previamente para ese proyecto. Se considera oferente o proponente a toda persona, empresa o grupo que, cumpliendo dichos requisitos, entrega su propuesta en tiempo y forma.

Objetivo de Esta Guía y Etapas Clave

El objetivo de esta guía es ayudarte a preparar una oferta clara, bien fundamentada y competitiva. Para lograrlo, repasaremos las etapas principales que forman parte de la preparación de un presupuesto o cotización.

Pasos Fundamentales para Elaborar la Oferta:

1. Estudio Detallado del Pliego

Antes de cualquier cálculo, es fundamental leer y analizar a fondo el pliego de licitación. Este documento es la base de todo el proceso. Comprenderlo completamente es esencial para evitar errores costosos y asegurar que la oferta cumpla todos los requerimientos.

2. Consulta de Aclaraciones

Si algún punto del pliego genera dudas o no está claro, no se debe avanzar sin resolverlo. Comunicarse con el cliente para obtener respuestas y aclaraciones es una parte crucial del trabajo profesional y previene malentendidos posteriores.

3. Evaluación del Costo de Ingeniería (Si Aplica)

En algunos casos, el proyecto requerirá desarrollar planos, memorias técnicas u otros documentos de ingeniería específicos para la oferta o la ejecución. Se debe calcular cuánto tiempo y qué recursos se necesitan para esta tarea e incluir su costo.

4. Armado del Presupuesto: Costos Directos

Este es el núcleo del trabajo, donde se detallan los costos directamente asociados a la ejecución:

- **Inventario de Materiales:** Identificar todos los materiales a utilizar y obtener sus precios actualizados de proveedores confiables.
- **Mano de Obra Directa (MOD):** Calcular las horas-hombre necesarias para cada tarea y multiplicarlas por el costo horario real del personal técnico asignado.
- **Equipos:** Considerar qué maquinaria se empleará (propia o alquilada) e incluir su costo operativo o de alquiler en el presupuesto.
- **Materiales de Aporte y Consumo:** Contabilizar insumos necesarios como soldaduras, gases, abrasivos, electrodos, consumibles eléctricos, etc. No deben omitirse.
- **Mano de Obra Indirecta (MOI):** Incluir el costo del personal de supervisión, capataces y apoyo técnico o logístico que no ejecuta directamente las tareas pero es esencial para la obra.

5. Otros Costos a Considerar

Además de los costos directos, hay otros gastos importantes:

- **Gastos Generales (GG):** Costos relacionados con la administración central, logística, herramientas menores, oficina técnica de soporte, estructura indirecta de la empresa, etc.
- **Seguros:** Incluir las pólizas de seguro adecuadas (responsabilidad civil, accidentes de trabajo, etc.) para proteger el proyecto, al personal y a la empresa.
- **Costo Financiero:** Si se necesita financiar parte del trabajo (por ejemplo, por plazos de pago extensos del cliente), calcular el costo de ese capital.
- **Contingencias:** Reservar un pequeño margen (calculado como porcentaje o monto fijo) para imprevistos o pequeños desvíos. Esta reserva puede evitar problemas mayores.

6. Elementos Finales: Utilidad e Impuestos

Lo último que se añade para completar el precio final:

- **Utilidades:** Definir el margen de ganancia deseado o esperado del proyecto. Es un factor clave para la rentabilidad y sostenibilidad de la empresa.
- **Impuestos:** Incluir todos los tributos aplicables (IVA, Ingresos Brutos, Ganancias, etc.) según la legislación vigente, el lugar y el tipo de obra.

Estructura Resumida del Presupuesto

Lo anterior se resume y organiza típicamente en un cuadro o planilla de cálculo detallada, que presentaremos a continuación.

En los próximos capítulos, vamos a desarrollar cada uno de estos componentes en detalle. La idea es que puedas aprender a construir presupuestos que sean precisos, realistas y, sobre todo, competitivos. Así vas a poder ganar contratos sin comprometer tu rentabilidad.

CHAPTER 4

Estudio del Pliego de Licitación

EL PRIMER PASO INDISPENSABLE: ANÁLISIS DOCUMENTAL

Antes de realizar cualquier visita al sitio de obra, el primer paso fundamental es analizar en detalle el pliego de licitación y toda la documentación complementaria enviada por el cliente o adquirente.

Responsables de la Tarea

Esta tarea recae principalmente en los estimadores de costos y en los responsables del área de presupuestos dentro de la empresa oferente. Son ellos quienes deben revisar con máxima atención cada documento, plano, anexo, especificación técnica y condición comercial contenida en la invitación a ofertar.

La Importancia Crítica de un Análisis Detallado

¿Por qué es tan importante este análisis? Porque una lectura detallada y un estudio minucioso de la documentación son la base para:

- Entender con claridad qué está solicitando el cliente.
- Conocer las condiciones bajo las cuales se espera realizar el trabajo.
- Identificar los criterios que se utilizarán para evaluar y adjudicar el contrato.

No se trata solamente de leer; se trata de **interpretar, anticipar riesgos y detectar posibles omisiones, contradicciones o ambigüedades** que puedan afectar significativamente el presupuesto o la futura ejecución del proyecto.

Clave para la Visita al Sitio y la Formulación de Preguntas

Este análisis documental debe completarse **antes** de que se realice la visita técnica al sitio de obra. De hecho, a partir de esta revisión exhaustiva surgen (o deberían surgir) una serie de preguntas clave que necesitan respuesta antes de avanzar. Por ejemplo:

- ¿Cuál es el **alcance exacto** del trabajo?
- ¿Qué está **incluido** en el contrato y qué se considera **excluido**?

- ¿Existen condiciones contractuales **inusuales o particularmente riesgosas**?
- ¿Qué **normativa técnica específica** se debe cumplir?
- ¿Hay **plazos exigentes o penalidades** relevantes que puedan afectar la rentabilidad?
- ¿Será necesario **subcontratar** alguna parte del trabajo? ¿Bajo qué condiciones?
- ¿Cuáles son los requisitos específicos en cuanto a **seguridad, calidad o medio ambiente**?

Todas estas preguntas deben estar aclaradas mediante consultas al cliente, o al menos claramente identificadas como puntos a verificar, antes de realizar la visita técnica al lugar donde se ejecutará la obra.

El Propósito de la Visita Técnica

La visita al sitio, informada por este análisis previo, no es un simple trámite. Es la oportunidad crucial para:

- Verificar en terreno lo interpretado en los documentos.
- Contrastar la teoría con la realidad física y logística del lugar.
- Confirmar si el proyecto es viable tal como se lo ha entendido, tanto técnica como económicamente.

Conclusión: La Base Indiscutible de la Oferta

En resumen, no es posible construir una oferta sólida y competitiva sin una comprensión profunda y detallada del pliego de licitación y sus documentos asociados. El éxito de un presupuesto comienza aquí: leyendo cada hoja con atención, entendiendo el contexto general del proyecto y anticipando cualquier variable que pueda impactar los costos o la ejecución

CHAPTER 5

Visita a Obra

LA IMPORTANCIA ESTRATÉGICA DE LA VISITA

La visita al sitio de obra es una etapa clave en la preparación de una oferta técnica y económica sólida. No se trata solamente de recorrer el terreno; es una instancia crítica para **verificar, confirmar y recolectar información estratégica** que puede impactar directamente en el presupuesto y en la futura ejecución del proyecto.

El Rol del Personal Experimentado

Durante esta visita, el equipo de la empresa oferente debe estar atento a múltiples aspectos que, muchas veces, no están completamente detallados en el pliego de licitación. Por eso, es fundamental que esta tarea sea realizada por **personal experimentado**, capaz de identificar factores ocultos o subestimados que puedan influir en el rendimiento de los recursos, en la planificación de los trabajos y en la viabilidad general de la propuesta.

Información Adicional: Competencia y Certificado

Análisis de la Competencia: Un elemento a relevar, si es posible, es quiénes son las otras empresas invitadas a participar. Con esa información, se puede investigar su experiencia en obras similares, presencia local y nivel de actividad. Aunque no impacte directamente el cálculo del costo, puede ser útil para definir una estrategia de cotización más competitiva.

Certificado de Visita: Generalmente, el cliente exige un certificado de visita a obra como requisito obligatorio. No contar con este documento puede significar la **descalificación automática** de la propuesta.

Aspectos Clave a Examinar Durante la Visita

Vamos a repasar uno por uno los principales puntos que deben observarse durante la visita técnica.

1. Accesos a la Obra. Es importante determinar:

- ¿Cuál es la distancia real entre el posible alojamiento del personal y el sitio de trabajo?

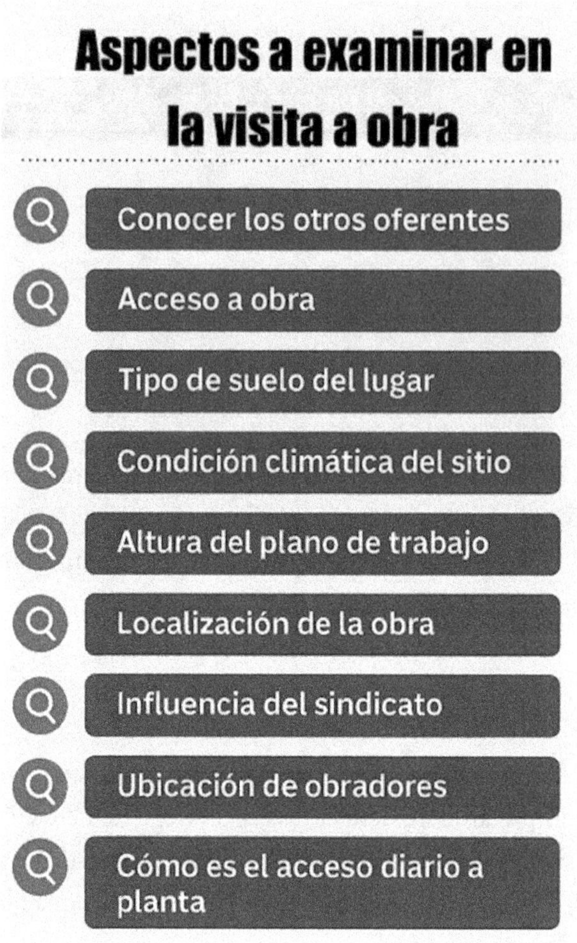

- ¿Las rutas de acceso están pavimentadas, son de tierra o ripio? ¿Son seguras y transitables durante todo el año y bajo distintas condiciones climáticas?
- ¿Existe algún riesgo de aislamiento temporal por lluvias, crecidas, nieve u otros factores climáticos?

2. Tipo de Suelo. Aquí es clave identificar:

- Si por el tipo de Obra se requieren **estudios geotécnicos** detallados o solo un reconocimiento y evaluación preliminar,

donde se defina:

- ¿ Cuál es la naturaleza del terreno (firme/seco vs. bajo/anegadizo/fangoso?
- ¿Cuál es La estabilidad estimada para soportar cargas operativas y estructurales?
- ¿Cuál es la profundidad y comportamiento estacional de la napa freática.?

Este análisis es clave para definir el tipo de fundaciones, planificar la logística en obra y prever el rendimiento de la maquinaria.

3. Condiciones Climáticas del Sitio.

El clima impacta directamente en plazos y rendimientos. Preguntas necesarias:

- ¿Cuál es el historial climático de la zona (registros de temperaturas, lluvias, vientos, nieve, heladas)?
- ¿Existen temporadas con condiciones extremas que puedan paralizar los trabajos?

Con estos datos se ajustan cronogramas y se prevén posibles días improductivos.

4. Altura del Plano de Trabajo. Evaluar:

- ¿A qué altura promedio o máxima se realizarán las tareas principales?
- ¿Será necesario el uso extensivo de andamios, plataformas elevadoras u otros medios de acceso complejos?
- ¿Cómo influye la altura en la seguridad, los tiempos de ejecución y la eficiencia general (ej. traslado de materiales)?

5. Localización y Entorno de Trabajo

Trabajar dentro de una planta industrial en funcionamiento impone condiciones particulares:

- **Coordinación:** Se requerirá coordinación constante con el cliente y otras áreas operativas.
- **Seguridad:** Las exigencias de seguridad suelen ser mayores (permisos de trabajo, EPP específicos, procedimientos estrictos).
- **Interferencias:** Pueden surgir demoras por permisos de trabajo diarios, accesos restringidos o interferencias con las operaciones del comitente.
- **Empalmes:** Puede ser necesario empalmar instalaciones nuevas con sistemas existentes y operativos.
- **Nivel de Riesgo:** No es lo mismo intervenir en una refinería (alto riesgo de incendio/explosión) que en una industria con menor nivel de peligrosidad inherente.

6. Influencia Sindical Local

Este aspecto no debe pasarse por alto:

- ¿Cuál es la dotación mínima de personal que, según el convenio colectivo local, el contratista debe emplear a través de la bolsa de trabajo sindical? (Esto puede afectar el rendimiento si no se puede seleccionar libremente al personal).
- ¿Existen antecedentes recientes de conflictos gremiales importantes o paros frecuentes en la zona o con ese cliente? (Impacta en costos laborales, planificación y riesgo de demoras).

7. Otros Factores Clave

Considerar también:

- **Plazo de Ejecución:** ¿Es muy ajustado? Esto podría requerir turnos nocturnos o jornadas extendidas (mayores costos, menor rendimiento).
- **Obradores y Almacenamiento:** ¿Dónde se ubicarán las oficinas de obra, depósitos y áreas de acopio? Su distancia al frente de trabajo afecta la productividad.
- **Documentación:** ¿La documentación técnica entregada es suficiente y clara para cotizar, o se detectaron inconsistencias/faltantes, que requieren consultas urgentes?
- **Recursos Locales:** ¿Hay disponibilidad local de subcontratistas confiables, personal técnico calificado o ayudantes? ¿O se deberá trasladar todo desde otra región?

Conclusión: Verificación y Base para una Oferta Sólida

Toda esta información recopilada in situ es vital para preparar una oferta que sea realista, precisa y competitiva. Sin embargo, este análisis de campo solo es verdaderamente efectivo si se realiza **después de haber estudiado a fondo el pliego** y la documentación técnica.

La visita a obra, planificada y ejecutada por el personal adecuado, no solo permite evitar errores costosos en la oferta. Es también la base fundamental para un presupuesto bien armado, una planificación de ejecución eficiente y, en definitiva, un contrato exitoso y rentable

CHAPTER 6

Realizar Consultas al Cliente

EL PROPÓSITO CLAVE DE LAS CONSULTAS FORMALES

Una parte fundamental en la preparación de una oferta técnica y económica consiste en realizar consultas formales al cliente (también llamado comitente o adquirente). Este paso tiene un objetivo muy claro: **despejar dudas, confirmar interpretaciones y, en muchos casos, detectar vacíos o contradicciones** dentro de la documentación de la licitación.

Respuestas Vinculantes: Implicaciones Legales

Es crucial tener en cuenta que las respuestas del cliente a través de este mecanismo formal no son simples comentarios. **Son vinculantes**. Es decir, tienen validez legal dentro del proceso licitatorio y deben ser consideradas como parte integral de los documentos oficiales al momento de formular la propuesta.

Canales, Procedimientos y Plazos Establecidos

Durante una etapa específica del proceso, definida en el pliego, el adquirente habilita un **canal formal de comunicación** para que las empresas proponentes puedan presentar sus consultas. Generalmente, estas se envían por medios electrónicos (correo institucional, formularios en línea), pero a menudo se requiere también una confirmación por escrito, en papel, firmada por personal autorizado. Este procedimiento dual garantiza la trazabilidad del intercambio y asegura que toda la información quede debidamente registrada y formalizada.

Circulares Oficiales: Respuestas Compartidas

Para asegurar la transparencia e igualdad de condiciones, todas las preguntas formuladas por los distintos participantes, junto con sus respectivas respuestas, **son compartidas con el conjunto de empresas** que compiten en la licitación. Esto se realiza mediante **circulares o documentos oficiales** emitidos por el cliente y enviados simultáneamente a todos los participantes registrados. Cada una de estas circulares se incorpora automáticamente al pliego, convirtiéndose en parte oficial y actualizada de la documentación base de la licitación.

Cierre del Período de Consultas

Habitualmente, el período para realizar consultas se cierra varios días antes del vencimiento del plazo para la presentación de ofertas. A partir de ese momento, se considera que todas las empresas han dispuesto de tiempo suficiente para:

- Revisar las posibles modificaciones o aclaraciones al pliego.
- Tomar conocimiento de nuevas disposiciones o requisitos.
- Leer e interpretar todas las circulares informativas emitidas.
- Incorporar las respuestas oficiales a sus análisis y presupuestos.

Desde ese punto en adelante, ya no se aceptan nuevas preguntas formales, y cualquier duda pendiente debe ser resuelta de forma interna por cada oferente, asumiendo el riesgo correspondiente si la interpretación es errónea.

Responsabilidad del Oferente: Obtener Toda la Información

Es **responsabilidad exclusiva de la empresa oferente** asegurarse de contar con toda la información actualizada y completa antes de entregar su propuesta final. Esto puede implicar acciones proactivas como presentarse personalmente en las oficinas del adquirente para solicitar copias físicas de todas las circulares emitidas (si no se recibieron electrónicamente) o consultar regularmente el sitio web oficial del cliente, donde normalmente se publica toda la información relevante del proceso.

Omitir esta verificación puede llevar a presentar una oferta incompleta, basada en información desactualizada, o con errores que afecten su validez o competitividad.

Conclusión: Valor Estratégico y Contractual de las Consultas

Las consultas formales al cliente no son un trámite burocrático menor. Son una **herramienta fundamental** para:

- Mejorar la calidad técnica y económica de la oferta.
- Reducir el riesgo de cometer errores costosos.
- Evitar omisiones de información relevante.
- Aclarar interpretaciones ambiguas de las condiciones contractuales.

Y sobre todo, es esencial recordar que todo lo que el cliente responda oficialmente a través de este canal ***tiene valor contractual****. Por eso, es imprescindible leer con atención cada circular, registrar cuidadosamente las respuestas y actuar en consecuencia al momento de elaborar y finalizar la propuesta*

CHAPTER 7

Evaluar el Costo de la Ingeniería

LA INGENIERÍA: BASE TÉCNICA Y ECONÓMICA DEL PROYECTO

En un proyecto de construcción industrial, la ingeniería no es simplemente una etapa inicial; es la **base técnica y económica** sobre la cual se desarrolla y sustenta toda la obra. Comprender sus fases y valorar correctamente su costo es esencial al preparar una oferta.

- El trabajo de ingeniería suele dividirse en tres fases principales:
- Ingeniería Conceptual
- Ingeniería Básica
- Ingeniería de Detalle

A continuación, veremos en qué consiste cada etapa y por qué su costo debe ser evaluado con precisión.

Fase 1: Ingeniería Conceptual (Alcance y Viabilidad)

La ingeniería conceptual es la **etapa inicial de análisis**. Su objetivo principal es definir el alcance del proyecto en términos generales y evaluar preliminarmente su **viabilidad técnica y económica**. A partir de esta información, el cliente toma decisiones clave: seguir adelante con el desarrollo o detener el proyecto si no parece rentable o factible.

En muchos casos, esta etapa ya ha sido completada por el propio cliente (con personal interno o mediante una consultora especializada) **antes incluso de lanzar la licitación**.

Fase 2: Ingeniería Básica (Criterios y Diseño Fundamental)

La ingeniería básica establece los **criterios fundamentales** del proyecto. Aquí se definen los conceptos técnicos esenciales, los criterios de diseño y los requisitos generales que guiarán el desarrollo posterior de la ingeniería de detalle.

Valor Estratégico y Costo Potencial: Esta fase puede tener un costo muy significativo. En proyectos tecnológicamente complejos (petroquímica, minería, gas, farmacéutica), su valor puede ser equivalente o incluso superior al costo de la construcción misma. Esto ocurre porque a menudo involucra tecnologías patentadas o procesos altamente especializados. Lo que se paga no es solo un conjunto de planos, sino el **conocimiento técnico, la experiencia aplicada y, frecuentemente, la propiedad intelectual** que respalda el diseño.

Entregables Típicos: Los paquetes de ingeniería básica suelen incluir, entre otros:

- Diagramas de flujo de proceso (PFD)
- Balances de materiales y energía
- Diagramas de cañerías e instrumentación (P&ID)
- Hojas de datos preliminares de equipos e instrumentos principales
- Requisitos de consumo de químicos o reactivos
- Resúmenes de efluentes y emisiones.

Ejemplos y Contratación: Ejemplos concretos podrían ser el diseño de un sistema para recuperar hidrocarburos en una refinería, la conversión de queroseno en combustible de aviación, o la transformación de mineral de hierro en acero mediante reducción directa.

A veces, el cliente contrata primero la ingeniería básica y luego licita por separado la ingeniería de detalle y la construcción. Es importante destacar que **el valor de esta ingeniería básica lo determina (y lo cobra) quien la desarrolla**.

Fase 3: Ingeniería de Detalle (Especificaciones para Construcción)

La ingeniería de detalle transforma los criterios generales en documentos técnicos completos y específicos, listos para la fabricación, compra y construcción.

Documentación Específica: En esta etapa se generan:

- Planos detallados de fabricación y montaje (civiles, estructurales, mecánicos, eléctricos, de instrumentación).
- Memorias de cálculo definitivas.
- Especificaciones técnicas detalladas para equipos, materiales y trabajos.
- Listados de materiales (Bill of Materials - BOM).
- Planos finales conforme a obra ("as built") al finalizar el proyecto. En este punto, no hay lugar para suposiciones: cada válvula, soporte, conexión o cable debe estar plenamente definido y coordinado.

Estimación del Costo y Factores Clave: Para estimar su costo, es necesario considerar:

- Horas de trabajo de especialistas (ingenieros de diversas disciplinas), proyectistas y dibujantes.
- Uso de licencias de software técnico especializado (CAD, cálculo estructural, simulación, etc.).
- Tiempo destinado a revisiones internas, correcciones y coordinación interdisciplinaria y con el cliente.

- El precio de esta fase puede aumentar significativamente si el cliente exige un nivel de detalle muy exhaustivo, plazos de entrega muy ajustados, o múltiples rondas de revisión y aprobación.

Además, trabajar en plantas existentes o proyectos de ampliación ("brownfield") suele incrementar las horas por la necesidad de relevar interferencias, realizar ajustes y validaciones adicionales.

Una buena práctica para calcular este costo es comparar con horas/hombre insumidas en proyectos similares previos, ajustando por la complejidad y los factores específicos del caso actual.

Consideraciones sobre la Ingeniería de Detalle en la Licitación

En algunas licitaciones ("EPC" - Engineering, Procurement, Construction), el cliente puede entregar la ingeniería de detalle parcial o totalmente desarrollada junto con los documentos de oferta.

Sin embargo, en la mayoría de los proyectos de construcción y montaje industrial (especialmente obras medianas o paquetes específicos), **esta tarea queda a cargo del contratista**. Por lo tanto, es fundamental **incluir su costo correctamente en el presupuesto**. Omitirlo o subestimarlo puede impactar directamente los plazos, el rendimiento de la mano de obra en campo y la rentabilidad general del proyecto.

Conclusión: La Ingeniería Como Pilar de una Oferta Rentable

La ingeniería no es una formalidad ni un simple gasto preliminar; es la ***estructura técnica que define y sostiene toda la obra****. Aunque su costo no siempre sea el más visible, debe ser identificado, calculado y justificado con precisión dentro de cada propuesta. Una oferta sólida y rentable comienza con una ingeniería bien pensada y, sobre todo, correctamente valorizada en todas sus fases pertinentes.*

CHAPTER 8

Tarea Clave: Identificación y Tipos de Materiales

TAREA CLAVE: IDENTIFICACIÓN Y TIPOS DE MATERIALES

Al preparar una oferta para una obra industrial, una de las tareas más importantes —y también más sensibles— es **inventariar correctamente los materiales**. Un error en esta etapa puede tener consecuencias económicas significativas.

En este contexto, el término "materiales" abarca tres grandes grupos:

- **Materiales semi-elaborados:** Como perfiles metálicos que luego serán transformados en estructuras, o caños que se usarán para fabricar spools.
- **Materiales adquiridos por catálogo:** Ítems fácilmente identificables a través de fichas técnicas o sitios web de fabricantes (válvulas estándar, instrumentos, accesorios, etc.).
- **Materiales elaborados (Equipos):** Componentes mayores que forman parte integral de los sistemas a instalar (recipientes, bombas, intercambiadores, tableros eléctricos, etc.).

El Rol del Presupuestista y Fuentes de Información

El rol del presupuestista en esta etapa es:

- Identificar claramente cada tipo de material requerido.
- Realizar su **cómputo métrico** (cantidades, longitudes, pesos, etc.).
- Obtener **precios, plazos de entrega y condiciones de pago** de proveedores.

Todo esto debe realizarse dentro de un plazo limitado para que la información esté disponible a tiempo y se integre correctamente en la oferta económica. Las especificaciones de los materiales suelen estar detalladas en los documentos de licitación. Si surgen dudas, es crucial **hacer consultas formales** al adquirente dentro del plazo establecido (como se vio en el capítulo anterior), cuyas respuestas pasan a formar parte oficial del pliego.

El Cómputo de Materiales: Precisión y Gestión Comercial

Aquí la **precisión es clave**. Un error en la cantidad de un material costoso puede impactar considerablemente el presupuesto final. Mientras se realiza el cómputo (take-off), se inicia simultáneamente el trabajo comercial: búsqueda de cotizaciones, consulta de disponibilidad, negociación de condiciones y, finalmente, la construcción de un precio confiable y actualizado para cada material.

Metodología: Desglose Estructurado del Proyecto (Planilla de Cotización)

Una metodología efectiva consiste en dividir el proyecto en **categorías, subcategorías e ítems** específicos. Esta estructura (similar a una Estructura de Desglose del Trabajo - EDT o WBS) permite organizar no solo los materiales, sino también la mano de obra asociada a cada tarea.

Veamos algunos ejemplos de cómo estructurar esta información:

Categoría: Obras Civiles

Subcategoría: Base de hormigón armado

Ítem: Excavación y preparación del suelo

Ítem: Corte, doblado y armado de la armadura

Ítem: Encofrado

Ítem: Colado del hormigón

Ítem: Desencofrado y limpieza final

Categoría: Cañerías y Equipos

Subcategoría: Cañerías aéreas

Ítem: Identificación de materiales y fabricación de prefabricados (spools)

Ítem: Prueba hidráulica del prefabricado en taller

Ítem: Pintura y traslado de los spools a la zona de montaje

Ítem: Montaje de tramos y ejecución de ajustes (field welds)

Ítem: Prueba hidráulica final y retoques necesarios

Categoría: Electricidad

Subcategoría: Conductos enterrados

Ítem: Excavación de zanjas

Ítem: Montaje y fijación de tubos (ductos) para protección de cables

Ítem: Colado del hormigón de protección (si aplica)

Ítem: Tendido e identificación de los cables eléctricos

La Planilla de Análisis por Ítem: Costos y Horas-Hombre

Cada ítem dentro de estas categorías se acompaña de una **planilla de análisis detallada** que típicamente incluye:

- Plano o documento técnico de referencia.
- Material requerido y su especificación completa.
- Unidad de medida (kg, m, m^2, m^3, unidad, etc.).
- Proveedor(es)que cotizada(n).

El Costo unitario completo del material puesto en obra, considera:

- Precio del material en el local o fábrica del proveedor.
- Porcentaje estimado de desperdicio (scrap).
- Costo de flete y seguros hasta la obra.

Cálculo de las **horas-hombre (HH) necesarias por unidad de trabajo**. Este dato es clave para estimar el costo de la mano de obra directa. (Ej: HH/válvula montada, HH/m^3 de hormigón colado, HH/kg de estructura montada, HH/metro de cable tendido).

Planilla Típica

Este tipo de planilla permite llevar un control preciso y detallado tanto de los materiales como de la mano de obra directa necesaria para cada tarea específica, sumando ambos para obtener el costo directo por ítem.

En esta parte del excel se muestra, a modo de ejemplo, como registrar el inventario y el costo directo de los materiales

Ítem	Plano de referencia	Fecha y firma del supervisor	Identificación del material	Unidad de medida	Datos del proveedor	Costo del material por unidad	Costo del desperdicio por unidad	Costo de transporte del material al sitio de obra por unidad	A Costo unitario total del material puesto en obra, sin materiales indirectos

Consumo en horas para una cuadrilla típica, registro obtenido de las tablas de rendimiento	Cantidad y especialidad de los trabajadores que componen la cuadrilla	Costo actual por hora de la cuadrilla	B Costo directo de mano de obra por unidad	A + B = C Costo de material y mano de obra por unidad	D Cantidad total de material del ítem	C * D = E Costo Directo Total

En esta parte de la planilla se registra el consumo de horas hombre por cuadrilla y por unidad de medida para cada actividad

Herramientas Recomendadas para la Gestión

Microsoft Excel: Es la herramienta más utilizada por su flexibilidad para crear plantillas, usar fórmulas, automatizar cálculos y reutilizar estructuras adaptadas a distintos proyectos. Esto ahorra tiempo, estandariza procesos y reduce errores manuales.

Integración con Herramientas de Diseño: Para evitar la carga manual y posibles errores de transcripción, es posible vincular Excel con herramientas de diseño (como AutoCAD, Revit, software de diseño de plantas 3D). Esto permite extraer cantidades e ítems directamente desde los modelos o planos técnicos, asegurando que los cambios en el diseño se reflejen más fácilmente en el presupuesto.

Conclusión: Un Inventario de Materiales preciso es clave para una Oferta Profesional bien sustentada

Inventariar los materiales no es simplemente hacer una lista. Es estructurar la información técnica y comercial que da sustento a una oferta profesional y confiable. Es también anticiparse a errores que, en etapas posteriores del proyecto, pueden tener consecuencias costosas y afectar la rentabilidad. Una buena oferta comienza con un inventario preciso y bien documentado.

CHAPTER 9

Cálculo de las Horas-Hombre Directas

LA BASE: EXPERIENCIA, DATOS HISTÓRICOS Y SECUENCIA LÓGICA

Para estimar con precisión las horas-hombre (HH) necesarias en una obra, es fundamental contar con un **equipo experimentado**. Tanto los estimadores como los consultores deben combinar habilidades técnicas y atención al detalle con la capacidad de definir una **secuencia lógica** de las tareas de construcción o montaje.

Además, deben apoyarse en **registros históricos confiables**: datos reales que indiquen cuánto tiempo tomó realizar tareas similares en obras anteriores bajo condiciones conocidas. Esa es la base para poder hacer estimaciones realistas y defendibles.

Tablas de Rendimiento, Condiciones Estándar y Factores de Corrección

El cálculo de HH se basa en **tablas de rendimiento**, que indican cuántas horas (o fracciones) se requieren para completar una tarea específica (ej: HH por metro cúbico de hormigón vertido, encofrado o armado, HH por tonelada de estructura metálica montada, etc.).

Sin embargo, para que estos datos sean útiles y comparables, deben estar referidos a **condiciones de trabajo bien definidas**, conocidas como "condiciones estándar". Esto asegura que cualquier persona pueda entender el contexto en el que se obtuvo el rendimiento base.

Dado que las condiciones reales de la nueva obra rara vez son idénticas a las estándar o a las de obras pasadas, siempre se aplican **factores de corrección**. Estos factores ajustan matemáticamente el rendimiento base según las particularidades del proyecto actual (clima, altura, accesibilidad, tipo de suelo, etc.).

El Proceso de Estimación: Tareas, Rendimientos y Ajustes

En términos simples, el proceso del estimador implica trabajar con tres elementos clave:

- Las **tareas específicas** del proyecto (desglosadas previamente).
- Las **horas-hombre necesarias** para cada tarea bajo condiciones estándar (obtenidas de tablas y datos históricos).

- Las **condiciones reales de ejecución** (identificadas a partir de la documentación, visitas al sitio y consultas).

Con esta información, se ajusta el cálculo aplicando los factores correctivos correspondientes para obtener las HH estimadas para cada tarea en el proyecto actual. Sumando las HH de todas las tareas se obtiene el total de horas-hombre directas. Con este dato y la duración estimada del proyecto, se determina la **cantidad de personal necesario para MO directa,** y las especialidades a cubrir.

Apoyos al Cálculo y Definición del Costo Horario Base

El cálculo de mano de obra se apoya en:

- Planos y especificaciones técnicas.
- Cómputos de materiales (que definen las cantidades de obra).
- Tablas de rendimiento propias o de referencia.
- La experiencia del estimador y su equipo de asesores.

Es importante notar que el **costo por hora de cada categoría de personal** (oficial, medio oficial, ayudante, etc.) generalmente ya está establecido por la empresa.

Este costo suele incluir no solo el salario base y las cargas sociales, sino también elementos como ropa de trabajo, equipos de protección personal (EPP) y, si corresponde, la amortización de su caja de herramientas personal.

El Impacto Real de las Horas Extras (Costo vs. Rendimiento)

Las horas extras (HE) **aumentan significativamente el costo** de la hora-hombre pagada. Es crucial entender que pagar un 50% o 100% más por una hora **no implica un aumento proporcional en el rendimiento**. De hecho, jornadas prolongadas suelen generar fatiga, disminuir la concentración y, por ende, **reducir el rendimiento real** por hora trabajada. Este efecto es más pronunciado con pagos al 100%.

Razones Comunes para Extender la Jornada Laboral

A pesar de la menor eficiencia, en construcción y montaje industrial es común trabajar más de 8 horas diarias, e incluso fines de semana y feriados. Las razones más frecuentes son:

- **Ingreso mensual competitivo con menor disponibilidad de tiempo libre**: dirigido a trabajadores temporales que se desempeñan lejos de su lugar de residencia habitual.
- **Compensar Tiempos Improductivos:** Cubrir pérdidas de tiempo inevitables (movilización interna, esperas por permisos de trabajo, etc.).
- **Plazos Ajustados:** Cumplir con cronogramas de obra exigentes.

- **Urgencias:** Realizar refacciones o trabajos en paradas de planta con fechas de finalización inamovibles.
- **Escasez de Personal:** Necesidad de personal altamente especializado y difícil de conseguir en el mercado, aprovechando al máximo su disponibilidad.

Coordinación con Contaduría sobre el Costo de Horas Extras

Es clave que el estimador calcule la **incidencia promedio del recargo por horas extras** sobre el costo horario base y comunique este porcentaje o valor al área contable (contador). Este último incluirá dicho sobrecosto en la estructura de costos generales del proyecto o lo considerará al calcular el costo final de la mano de obra.

Marco Regulatorio: Legislación Laboral y Convenios

Cada país tiene su propia legislación laboral que define, entre otros:

- Cantidad de horas semanales consideradas normales.
- Límites de horas extras permitidas (diarias, mensuales).
- Condiciones para el pago de recargos (50%, 100% u otros).

En la práctica, los Convenios Colectivos de Trabajo (CCT) por actividad o región suelen detallar estas reglas y, a menudo, establecen condiciones más favorables para el trabajador que la ley general. Es indispensable conocer y aplicar la normativa vigente y el CCT correspondiente.

Ejemplo Práctico: Cálculo del Sobrecosto Semanal por Horas Extras

Supongamos un escenario hipotético en una región "X":

Jornada Normal: Máximo 40 horas semanales.

HE al 50%: Horas que exceden las 8 diarias (L-V) y las trabajadas los sábados hasta las 13:00 hs.

HE al 100%: Horas trabajadas después de las 13:00 hs los sábados, y todas las horas de domingos y feriados.

Imaginemos una jornada extendida: 10 horas diarias de lunes a sábado.

Lunes a Viernes:

Horas Trabajadas: 5 días * 10 hs/día = 50 hs.

Pago: 40 hs (normales) + 10 hs (extras al 50%) = 40 + (10 * 1.5) = 40 + 15 = **55 hs equivalentes pagadas**.

Sábado:

Horas Trabajadas: 10 hs.

Pago: 5 hs (hasta 13:00 hs, al 50%) + 5 hs (después 13:00 hs, al 100%) = (5 * 1.5) + (5 * 2.0) = 7.5 + 10 = **17.5 hs equivalentes pagadas**.

Total Semanal:

Horas Reales Trabajadas: 50 hs (L-V) + 10 hs (S) = **60 hs**.

Horas Equivalentes Pagadas: 55 hs (L-V) + 17.5 hs (S) = **72.5 hs**.

Incremento de Costo: (72.5 hs pagadas / 60 hs trabajadas) - 1 = 1.2083 - 1 = 0.2083 => **+20.83%**.

Este sobrecosto del 20.83% sobre el costo horario base debe ser calculado y considerado adecuadamente en el presupuesto y comunicado al área contable.

Ejemplo Completo de Cálculo de Mano de Obra

Al final de este libro se incluye un ejemplo completo y detallado del cálculo de mano de obra directa para una obra de hormigón armado. Ese caso práctico permitirá repasar el proceso paso a paso y aplicar los conceptos vistos en este capítulo a una situación real y concreta.

CHAPTER 10

Tipo de Equipo a Utilizar y su Costo

IDENTIFICACIÓN DEL EQUIPAMIENTO NECESARIO PARA EL PROYECTO

Para estimar correctamente un proyecto de construcción o montaje industrial, es fundamental identificar con precisión el tipo de equipo necesario. Esto abarca un amplio espectro, desde maquinaria pesada y vehículos hasta herramientas manuales, tecnología específica y equipamiento auxiliar diverso.

En esta etapa inicial, el equipo de estimadores, en colaboración con especialistas técnicos, analiza detalladamente qué equipamiento se requiere. Definen también su costo asociado basándose en la planificación preliminar del proyecto y los trabajos a realizar.

Definición de 'Equipo' y Criterios para su Selección

Alcance del Término 'Equipo'

En el contexto de la estimación de proyectos, el término "equipo" incluye una gran variedad de elementos, tales como:

- Máquinas (pesadas y ligeras)
- Herramientas (manuales y eléctricas)
- Mobiliario de obra
- Vehículos (livianos y pesados)
- Equipos informáticos (computadoras, software específico)
    - Aparatos electrónicos (medición, comunicación)
    - Equipos de oficina para la administración en obra

Bases para la Selección del Equipamiento

Para definir qué equipamiento específico será necesario, el equipo de estimación revisa cuatro elementos clave de la documentación del proyecto:

- **Requisitos del Pliego:** Especificaciones técnicas contractuales.
- **Listado de Materiales y Cómputos Métricos:** Indican volúmenes de trabajo.
- **Horas-Hombre Estimadas:** Definen la magnitud y tipo de mano de obra necesaria.

- **Descripción Detallada de Tareas:** Cada etapa o actividad del proyecto.
- **Plan Preliminar de Trabajo:** Estima la duración de uso para cada equipo principal.

A partir de este análisis, se determina qué vehículos se asignarán al transporte de personal, qué camiones se usarán para el movimiento de materiales, y qué maquinaria (pesada como grúas, excavadoras, generadores; o liviana como equipos de soldadura, herramientas especializadas) será imprescindible movilizar a la obra.

Metodología para Calcular el Costo Horario del Equipo Propio

A continuación, se detalla el proceso técnico para calcular el costo por hora de uso de cada equipo que pertenece a la empresa.

1. Definiciones Clave para el Cálculo

Vida Útil:

Es el tiempo total de trabajo confiable estimado para el equipo, expresado en horas. Valores típicos, asumiendo un promedio de 2.000 horas/año, son:

- Maquinaria ligera: ~6.000 horas (~3 años)
- Maquinaria pesada: ~10.000 horas (~5 años)
- Maquinaria ultra pesada: ~16.000 horas (~8 años)

Valor de Adquisición (VA):

Es el costo total de compra del equipo, incluyendo todos los gastos necesarios para ponerlo en el lugar de operación (precio base, flete, seguros de transporte, impuestos de importación/nacionalización, transporte local si aplica).

Valor Neto del Equipo (VNE):

Se calcula restando al VA dos conceptos que se tratan como consumibles o elementos separados:

- Costo de los neumáticos.
- Valor de piezas especiales o accesorios no estándar que no forman parte del equipo base.

Valor de Reventa (VR):

Es el valor residual estimado que se espera recuperar al vender el equipo al finalizar su vida útil. Estimaciones comunes:

- Maquinaria pesada: 20-25% del **VA**.
- Maquinaria ligera: 10-20% del **VA**.

Depreciación Horaria (D):

Representa la pérdida de valor contable del equipo por cada hora de uso efectivo.

Fórmula: **D** =

Valor Promedio (VP):

Es un valor intermedio utilizado como base para calcular costos financieros, seguros e impuestos. Representa el valor medio del equipo durante su vida útil.

2. Cálculo de Costos Variables por Hora

Estos costos dependen directamente del uso del equipo.

Mantenimiento y Reparación (M&R):

Costo estimado para mantener el equipo operativo y funcional, incluyendo mantenimiento preventivo y correctivo. Se suele expresar como un porcentaje de la Depreciación Horaria (D), ajustado según la intensidad del trabajo:

- Trabajo pesado: 80-100% de D
- Trabajo normal: 70-90% de D
- Trabajo liviano: 50-80% de D.

Nota: Aproximadamente un 25% del costo total de M&R corresponde a mano de obra de mantenimiento y un 75% a repuestos.

Consumo de Combustible:

Depende de factores como la potencia del motor, tipo de combustible, eficiencia, carga de trabajo, habilidad del operador y tecnología del equipo. Se calcula registrando consumos reales históricos (litros/mes) y dividiéndolos por las horas operadas en ese período para obtener un promedio de litros/hora. Este valor se multiplica por el costo actualizado del combustible.

Neumáticos:

El costo total de un juego de neumáticos se divide por su vida útil estimada en horas de uso. A este costo horario se le suele agregar un porcentaje (~15%) para cubrir reparaciones menores y desgaste imprevisto.

Otros Consumos:

Incluye lubricantes, grasas, filtros y otros elementos consumibles. Su costo horario se calcula basándose en las recomendaciones del fabricante, la experiencia histórica y los precios actuales.

3. Cálculo de Costos de Operación y Fijos Asociados

Estos costos incluyen tanto la mano de obra directa como los costos fijos prorrateados por hora.

Mano de Obra del Operador:

Es el costo horario completo (salario base + cargas sociales + beneficios + provisiones) del conductor o técnico especializado que opera directamente el equipo.

Interés del Capital Invertido:

Representa el costo de oportunidad de tener capital inmovilizado en el equipo. Se calcula aplicando una tasa de interés (basada en tasas de mercado o el costo de capital de la empresa) sobre el Valor Promedio (VP) del equipo, y luego se convierte este costo anual a un costo horario dividiendo por las horas de uso anuales estimadas.

Seguros, Impuestos y Almacenamiento:

Estos costos anuales se estiman generalmente como porcentajes del Valor Promedio (VP) y se convierten a costo horario (dividiendo por horas de uso anuales):

- Seguro (cobertura del equipo): ~5.5% anual del VP.
- Impuestos (patentes, tasas): ~1-2% anual del VP.
- Almacenamiento (costo de depósito, predio, seguridad asociada): ~1-1.5% anual del VP.

Estructura Resumida del Costo Horario Total

El costo horario total de uso de un equipo propio resulta de la suma de los componentes calculados anteriormente, agrupados de la siguiente manera:

Costos Fijos Horarios:

Depreciación (D)

Intereses del Capital Invertido

Seguros

Impuestos

Almacenamiento

Costos Variables

Costos de Mantenimiento y Reparación por Hora:

Calculado según la intensidad de uso (% de D).

Costos de Consumo Horarios:

Combustible

Lubricantes, Grasas, Filtros

Neumáticos

Costos de Operación Horarios:

Mano de Obra del Operador

(Opcional: Se puede añadir un % para supervisión o vigilancia específica durante la operación, ej. 10% del costo del operador).

Tipos de Equipos Comunes en Proyectos Industriales

La variedad de equipos es amplia, pero algunos de los más utilizados en construcción y montajes industriales incluyen:

Máquinas Pesadas: Excavadoras, bulldozers, retroexcavadoras, grúas (móviles, fijas, torre), motoniveladoras, compactadores (rodillos, planchas), camiones hormigoneros, bombas de hormigón, compresores de aire, generadores eléctricos de gran capacidad.

Vehículos: Camiones (volteo, plataforma, con hidrogrúa), camionetas, vehículos utilitarios (furgones), autobuses para transporte de personal.

Herramientas (Manuales y Eléctricas): Martillos, mazas, destornilladores, llaves (fijas, ajustables, de torque), niveles, plomadas, cintas métricas, amoladoras angulares, taladros (percutores, de banco), sierras (circulares, de calar), equipos de soldadura (eléctrica, autógena), dobladoras de hierro.

Equipos de Seguridad Personal (EPP): Cascos, guantes (diversos tipos), gafas de seguridad, protección facial, botas de seguridad, arneses anti-caídas, líneas de vida, protectores auditivos, máscaras respiratorias (polvo, gases).

Conclusión: Importancia del Análisis Contextual

Es crucial recordar que cada proyecto es único en sus características, ubicación, duración y alcance. Por lo tanto, este análisis detallado de identificación y costeo de equipos debe realizarse de forma específica para cada caso.

Se deben considerar las condiciones particulares del sitio, la disponibilidad local de equipos (propios vs. alquilados), las normativas vigentes y la estrategia general de ejecución del proyecto. La correcta evaluación y costeo del equipamiento es un pilar fundamental para la precisión de la estimación y la viabilidad económica del proyecto.

Visualización del Esquema Jerárquico del Costo Horario

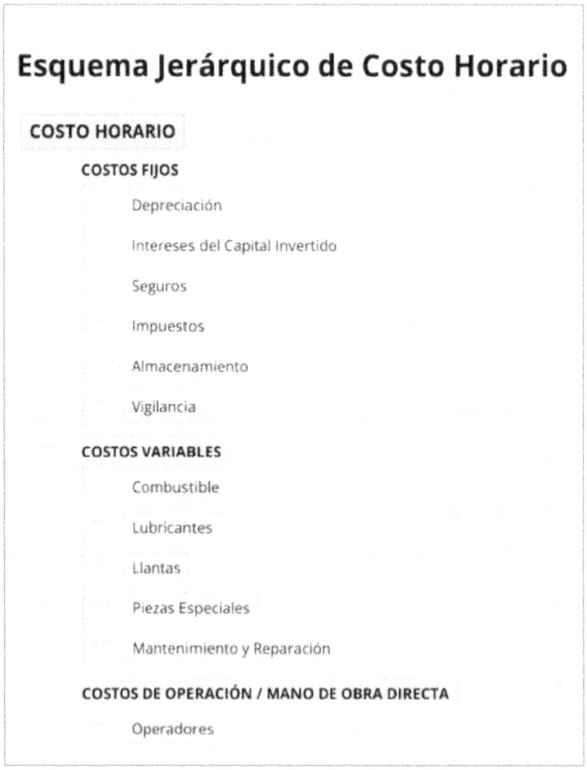

CHAPTER 11

Valorar los Materiales de Consumo y de Aporte

MATERIALES INDIRECTOS CLAVE: MÁS ALLÁ DE LOS DIRECTOS

En cualquier proyecto de construcción o montaje industrial, no basta con considerar los materiales principales (acero, hormigón, cables, etc.). También se utilizan otros **insumos fundamentales** para ejecutar correctamente la obra, aunque a menudo pasen desapercibidos en el producto final. Nos referimos a los **materiales de consumo** y los **materiales de aporte**.

- **Material de Consumo:** Es aquel que se utiliza durante la ejecución del proyecto, pero **no forma parte de la obra terminada**. Se agota, se deteriora o se descarta en el proceso.
- **Material de Aporte:** También se considera auxiliar, pero, a diferencia del anterior, **sí queda integrado**, total o parcialmente, en la construcción o instalación final.

Ambos tipos se clasifican como **materiales indirectos**, ya que, aunque imprescindibles para realizar los trabajos, no suelen ser los componentes visibles o principales de la estructura final.

Materiales de Consumo: Usados y Descartados

Estos materiales se emplean a lo largo del proyecto y se gastan progresivamente. Son esenciales para el desarrollo de los trabajos, aunque no permanezcan en la obra final.

Ejemplos en Obras Civiles:

- Elementos menores de fijación para encofrados: clavos, varillas roscadas, grampas, alambres, distanciadores.
- Herramientas perecederas: brocas (mechas), discos de corte o desbaste, hojas de sierra, escariadores.

Ejemplos en Proyectos Electromecánicos:

- Gases industriales: de corte (acetileno, oxígeno), de protección para soldadura (CO_2, argón, mezclas MIG/MAG/TIG), especiales para plasma.
- Discos abrasivos.
- Lubricantes, aceites y grasas. (Nota: A veces, estos se incluyen dentro del costo horario de operación del equipo que los consume).

Materiales de Aporte: Integrados en la Obra Final

A diferencia de los consumibles, estos materiales auxiliares sí permanecen y se integran, al menos parcialmente, a la estructura o sistema instalado.

Ejemplos en Obras Civiles:

- Alambre de atar para armaduras de hierro.
- Geotextiles (para separación, filtración o refuerzo de suelos).
- Impermeabilizantes líquidos o membranas asfálticas/sintéticas.
- Aditivos para hormigones y morteros (plastificantes, acelerantes, impermeabilizantes, etc.).

Ejemplos en Proyectos Electromecánicos:

- Pequeños elementos de conexión: conectores eléctricos, terminales, cintas aislantes, precintos, tornillería pequeña, adhesivos especiales.
- Metales de aporte para soldaduras: electrodos revestidos, alambres (MIG/MAG, TIG, arco sumergido), varillas, soldaduras blandas (estaño) o fuertes (plata). (Es crucial destacar que en obras con grandes volúmenes de soldadura o uso de aleaciones especiales, el costo de los metales de aporte por electrodos puede ser considerablemente alto y debe presupuestarse con precisión).

Métodos para Estimar el Costo de Materiales Indirectos

¿Cómo se valoran estos materiales en el presupuesto?

Estimación por Porcentaje: En algunos casos, especialmente en obra civil, ciertos materiales auxiliares se estiman como un **porcentaje sobre el volumen o costo** de una partida principal (ej: % sobre el costo del hormigón para aditivos y auxiliares de encofrado). Este método es rápido pero menos preciso.

Cálculo Específico por Cantidad y Tipo: Otros materiales, debido a su costo unitario elevado o su importancia técnica (como electrodos especiales o metales de aporte), deben valorarse **por cantidad y tipo específico**, basándose en un cómputo detallado y cotizaciones.

Herramientas Técnicas de Apoyo (Ej. Soldadura)

Existen herramientas y tablas técnicas que permiten afinar estas estimaciones, sobre todo en procesos como la soldadura. Por ejemplo, se pueden consultar tablas que indican:

Cuántos kilos de metal de aporte se necesitan por metro lineal de soldadura, según el tipo de junta y el espesor.

La cantidad de consumibles (gases, electrodos) requerida para depositar una cierta cantidad de metal de soldadura (ej: por cada 100 kg), según el proceso utilizado (SMAW, GMAW, FCAW, GTAW). (Estas referencias son muy útiles en proyectos donde la soldadura es un proceso central y costoso).

Conclusión: No Olvidar los Costos Indirectos de Materiales

En resumen:

Los materiales de consumo son auxiliares y se agotan durante la ejecución.

Los materiales de aporte son también auxiliares, pero se integran al proyecto terminado.

Ambos son necesarios y **deben ser tenidos en cuenta con precisión** en el presupuesto para evitar subestimaciones.

Una buena estimación los incluye de manera clara y justificada, ya sea mediante porcentajes razonables basados en la experiencia o, preferiblemente, a través de cálculos específicos por cantidad y tipo cuando su impacto económico lo amerita

CHAPTER 12

Ponderar la Mano de Obra Indirecta (MOI)

DEFINICIÓN, ALCANCE Y ACLARACIONES

En toda obra, además del personal que trabaja directamente en la construcción o el montaje (Mano de Obra Directa), existe otro grupo de trabajadores cuya función no está ligada a una tarea específica de producción, pero cuya presencia es **absolutamente esencial** para que el proyecto avance de manera coordinada, segura y eficiente. A este grupo se le conoce como **Mano de Obra Indirecta (MOI)**.

Se trata de todo el personal y los costos asociados que **no intervienen directamente en la ejecución física** de las partidas de obra, pero que hacen posible su funcionamiento general, permitiendo que los trabajos se coordinen, supervisen y se mantenga el ritmo del proyecto.
El personal perteneciente a este grupo se define en el siguiente cuadro

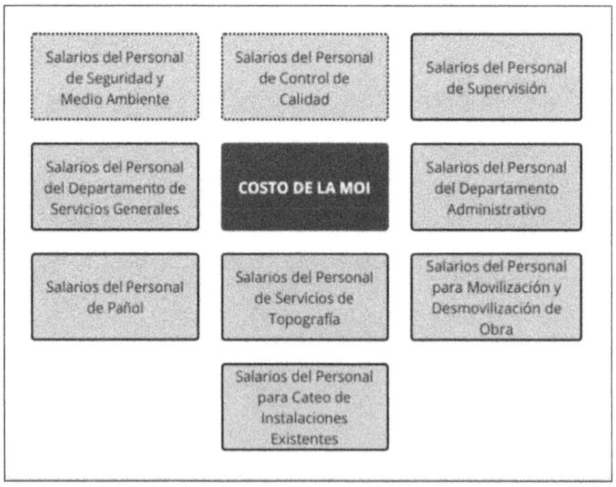

Es importante hacer algunas **aclaraciones sobre el alcance** de lo que consideramos MOI en este capítulo:

Los **operadores de maquinaria y conductores** de vehículos ya están contemplados dentro del costo horario de los equipos (visto en el capítulo anterior).

Los **materiales que utiliza el personal indirecto** (ej. elementos de oficina, consumibles de limpieza) fueron incluidos al valorizar los materiales de consumo.

Por tanto, aquí nos centramos exclusivamente en el **costo del personal permanente** asignado a funciones indirectas dentro del proyecto que estamos presupuestando.

Estructura de la MOI (Parte 1): Supervisión y Dirección de Obra

Este grupo incluye figuras clave responsables de la gestión y supervisión técnica del proyecto:

Director de Obra (o Residente): Máxima autoridad técnica del contratista en el sitio. Sus funciones son variadas y críticas:

- Asegurar que los recursos (personal, equipos, materiales) previstos sean suficientes para cumplir el plan de trabajo.
- Supervisar (a través de su equipo) que las tareas se ejecuten conforme a planos, especificaciones y buenas prácticas.
- Verificar el cumplimiento de estándares de Calidad, Seguridad y Medio Ambiente.
- Certificar los avances de obra para la facturación.
- Comprobar que se respeten todas las normativas laborales y ambientales aplicables.

Jefes de Área / Supervisores (Encargados): Responsables de supervisar disciplinas o frentes de trabajo específicos (civil, mecánico, eléctrico, etc.).

Capataces: Líderes directos de las cuadrillas de trabajo, coordinan la ejecución diaria de las tareas asignadas.

Estructura de la MOI (Parte 2): Servicios Generales, Topografía, Pañol y Administración

Este conjunto de roles proporciona el soporte logístico y administrativo necesario:

Departamento de Servicios Generales: Garantiza la disponibilidad de servicios auxiliares esenciales:

- Suministro de agua industrial y potable.
- Abastecimiento de energía eléctrica (red o grupos electrógenos).
- Mantenimiento de instalaciones sanitarias (baños químicos, vestuarios).
- Coordinación del transporte del personal obrero (minibuses, control de acceso).
- Administración del sistema de comunicaciones de la obra (radios, internet).
- Soporte al mantenimiento de maquinaria (combustibles, lubricantes, coordinación de reparaciones).
- Traslado de equipos y materiales dentro o hacia la obra.

Topografía: Equipo responsable de realizar replanteos, verificar niveles y posicionar correctamente cada componente constructivo o de montaje.

Pañoleros (Almacenistas): Encargados del control de stock, solicitud, recepción, almacenamiento y entrega de herramientas, materiales de aporte y materiales de consumo.

Departamento Administrativo (en Obra): Cumple funciones como:

- Controlar la documentación del personal que ingresa.
- Registrar y administrar las horas trabajadas (partes diarios).
- Gestionar el proceso para el pago de salarios.
- Realizar compras menores necesarias y urgentes en obra.

Estructura de la MOI (Parte 3): Departamentos Autónomos (Seguridad y Calidad)

Algunas áreas funcionan con independencia de la Dirección de Obra y tienen autoridad plena en sus competencias, reportando a menudo a gerencias centrales:

Departamento de Seguridad y Medio Ambiente (HSE): Audita diariamente las actividades en obra para prevenir accidentes y garantizar el cumplimiento de la normativa ambiental. Sus decisiones, especialmente en trabajos con riesgo, **son inapelables**; ningún trabajo puede comenzar sin su aprobación y el permiso correspondiente.

Departamento de Control de Calidad (QC): Cumple tareas como:

- Realizar ensayos y pruebas en el área civil (hormigones, suelos).
- Controlar la trazabilidad de materiales críticos (ej. tuberías, soldaduras).
- Verificar la conformidad técnica de equipos, instrumentos y materiales que ingresan.
- Emitir registros y documentación de calidad. Este departamento suele depender funcionalmente del área de Calidad de la oficina central de la empresa.

Costos Específicos Asociados a la MOI

Además del costo del personal permanente, existen partidas específicas dentro del presupuesto donde el estimador debe asignar valores concretos relacionados con la estructura indirecta:

Obrador: Montaje, Desmontaje y Disposición:

Movilización/Desmovilización: Costo de instalar y retirar todas las facilidades del obrador al inicio y fin del proyecto.

Personal Asociado: Incluye personal de limpieza, vigilancia (seguridad patrimonial) y serenos (vigilancia nocturna).

Diseño y Características (Disposición): El layout del obrador se define con cliente, contratista y HSE. Características comunes:

- Oficinas operativas (contratista e inspección del cliente).
- Áreas de arenado/pintura protegidas (evitar contaminación).
- Galpones de prefabricados (protección climática).
- Espacios libres perimetrales (seguridad contra incendios).

- Supervisión permanente de orden y limpieza (a cargo de HSE).

Cateo de Instalaciones Enterradas Existentes:

Necesidad: Previo a cualquier excavación en zonas de ampliación, remodelación o intervención dentro de plantas operativas, debe realizarse una verificación rigurosa de posibles interferencias subterráneas (cables eléctricos, líneas de proceso, drenajes, sistemas de tierra, etc.).

Proceso: Si no hay señalización clara, se realiza un zanjeo manual cuidadoso en cuadrículas hasta la profundidad requerida. En zonas con riesgo de incendio/explosión, se usan palas antichispa y detectores específicos.

Registro: Cada interferencia encontrada **debe ser registrada en planos** firmados por todas las partes antes de proceder con excavaciones mayores.

Este costo de cateo debe presupuestarse.

Conclusión: La Importancia Crítica de Valorar Correctamente la MOI

En resumen:

La Mano de Obra Indirecta es fundamental para coordinar, supervisar y dar soporte a la obra.

Se organiza en diversas categorías funcionales (supervisión, servicios, soporte técnico, administración, HSE, QC).

Costos específicos como el obrador, transporte asociado, seguridad patrimonial y cateo de interferencias deben definirse con claridad en el presupuesto.

Incluir todos estos costos desde el inicio es esencial para obtener una estimación realista y profesional.

Si se busca optimizar los costos de un proyecto, ***nunca se debe subestimar la importancia de la MOI.*** *Aunque su costo no se vea reflejado directamente en el producto final construido, sin esta estructura de soporte, la obra simplemente no puede funcionar de manera eficiente y segura*

CHAPTER 13

Evaluar los Gastos Generales

¿QUÉ SON LOS GASTOS GENERALES (GG)?

En cualquier empresa constructora o de montaje industrial, existe una categoría de costos que, aunque no está directamente asociada a una tarea específica de obra, impacta de forma decisiva en la rentabilidad: los **Gastos Generales (GG)**.

Este tipo de gastos existen tanto si la empresa está trabajando activamente en un proyecto como si no. Son necesarios para que la organización funcione, incluso cuando no hay actividad directa en obra.

Se consideran **costos fijos o indirectos**, ya que no varían (o varían muy poco) en proporción directa al volumen de trabajo ejecutado. Aunque no se relacionen directamente con el montaje, la soldadura o la supervisión en campo, son esenciales para sostener la estructura operativa de la empresa.

En general, estos gastos son típicos de empresas que desarrollan proyectos industriales, realizan ampliaciones de planta, prestan servicios de ingeniería, o se dedican a la dirección e inspección técnica de obras.

Componentes Principales de los Gastos Generales

El cálculo de los GG parte de analizar cuatro grandes grupos de costos de la estructura central de la empresa (no los costos directos de obra):

Sueldos del Personal Indirecto Central: Personal que no trabaja directamente en la obra física. Ejemplos:

- Ingenieros de oficina técnica, planificadores, estimadores.
- Personal administrativo, contabilidad, finanzas, recursos humanos.
- Personal de limpieza y seguridad corporativa.
- Asesoría legal y financiera externa recurrente..

Gastos de Inmuebles y Activos Centrales:

- Alquiler o amortización de oficinas centrales.
- Costos de mantenimiento de dichas oficinas.
- Amortización o alquiler de vehículos de uso administrativo/gerencial.

- Amortización de herramientas o equipos de uso común no asignados a obras específicas.

Gastos Operativos Centrales:

- Servicios: Electricidad, agua, internet, telefonía de oficinas centrales.
- Suministros de oficina, papelería.
- Viajes de trabajo (gerenciales, comerciales).
- Servicios bancarios, comisiones.
- Acciones de marketing y desarrollo comercial.

Impuestos, Seguros y Costos Financieros Centrales:

- Impuestos sobre la propiedad de oficinas centrales.
- Seguros patrimoniales de la empresa.
- Costos de mantenimiento de propuestas (ej. fianzas de oferta no recuperadas).
- Intereses o comisiones de financiamiento corporativo (no específico de un proyecto).

¿Cómo se Asignan los GG a un Nuevo Proyecto?

Existen diferentes métodos para imputar una porción de los GG totales de la empresa a un proyecto específico al calcular su costo total. El objetivo es que cada proyecto contribuya a cubrir estos gastos fijos. Métodos comunes:

- Como un **porcentaje de las horas de Mano de Obra Directa (MOD)** estimadas para el proyecto.
- Como un **porcentaje del costo total de los Materiales** directos.
- En función de los **metros cuadrados** de construcción (menos común en industria).
- Como un **porcentaje del total de Costos Directos** (Materiales + MOD + Equipos + Subcontratos) del proyecto.
- **Cálculo propio:** Lo que se recomienda
  Para determinar con precisión el porcentaje real de los gastos generales de la empresa, se aplica la siguiente fórmula simplificada:.

Porcentaje de GG (%)=(Total de Gastos Generales Anuales / Ventas Totales Anuales)×100

En todos los casos, el objetivo es determinar cuánto se debe cargar por GG para que el proyecto contribuya a la estructura central y sea rentable.

Porcentaje Razonable

Rango Típico: En promedio, los GG suelen representar entre el **5% y el 15%** del costo directo total de un proyecto. Este porcentaje varía mucho según el tipo de empresa, su tamaño, estructura y eficiencia.

¿Cómo Reducirlos Eficazmente?

Algunas recomendaciones prácticas:

- **Sentido Común:** Identificar y eliminar gastos superfluos que no agregan valor.
- **Oficina:** Al empezar en este rubro, alquilar suele ser más eficiente que comprar.
- **Análisis Financiero:** Realizar análisis periódicos para detectar áreas de gasto elevado y proponer ajustes.
- **Presupuesto Realista:** Subestimar los GG en la oferta pone en riesgo la rentabilidad.
- **Tecnología:** Adoptar software de gestión, control de productividad, automatización.
- **Optimización:** Mejorar uso de recursos, reducir papeleo, uso eficiente del tiempo.
- **Benchmarking:** Compararse con otras empresas del sector para identificar oportunidades de mejora.

Consideraciones Estratégicas: Hay empresas que, en contextos muy competitivos, reducen intencionalmente la carga de GG en sus propuestas (ej. usando depreciaciones más largas). Esto puede ayudar a ganar licitaciones, pero debe hacerse con cuidado y visión estratégica para no erosionar el margen real.

Conclusión: Gestión Clave para la Rentabilidad Comprender y gestionar los gastos generales es una habilidad clave. Evaluarlos con precisión permite construir propuestas más competitivas, evitar sobrecostos ocultos y mejorar la rentabilidad general de la empresa.

CHAPTER 14

Seguros y Garantías en Proyectos

Al presentar una propuesta económica para un proyecto de construcción o montaje industrial, los **seguros y garantías exigidos** son un componente clave del costo y del riesgo. Estimar mal estos costos puede hacer que la propuesta pierda competitividad o que el contrato se vuelva inviable.

¿Qué Seguros y Garantías se Exigen en una Licitación?

- Los documentos de licitación suelen detallar claramente:
- Los **tipos** de seguros y garantías requeridos.
- Los **montos** asegurados o garantizados mínimos.
- El **alcance** de la cobertura exigida.

Es importante distinguir entre:

- **Garantías para Participar:** Ej. Fianza de Oferta (Bid Bond).
- **Seguros/Garantías para Ejecutar la Obra:** Ej. Seguro Todo Riesgo Construcción (CAR), Garantía de Cumplimiento Contractual (Performance Bond), Pólizas de Responsabilidad Civil, Seguros Laborales, etc.

Además, siempre se deben incluir los seguros obligatorios según la legislación laboral y civil vigente en el país del proyecto.

¿Qué Aseguradoras acepta el Cliente?

A menudo, los pliegos indican explícitamente con qué **compañías aseguradoras** se pueden contratar las pólizas (usualmente requieren calificación crediticia mínima). Si no se especifica, es recomendable enviar una consulta formal para confirmar qué compañías son aceptadas.

¿Cómo Presupuestar Correctamente los Seguros?

- **Identificar Requisitos:** Listar todos los seguros y garantías exigidos con sus montos y condiciones.
- **Obtener Cotizaciones:** Solicitar cotizaciones a las aseguradoras aceptadas por el cliente.

- **Evaluar Cobertura y Solidez:** No guiarse solo por el precio. Verificar que la póliza cumpla exactamente lo exigido, que la aseguradora tenga experiencia en proyectos similares y solidez financiera.
- **Asesoramiento (Opcional):** En contratos complejos o si se tiene poca experiencia, un consultor de seguros o gestor de riesgos puede ayudar a comparar ofertas y elegir

Terminología Clave

- **Póliza:** Documento legal que formaliza el contrato de seguro (condiciones, derechos, obligaciones).
- **Prima:** Precio del seguro (pago periódico para mantener la cobertura).
- **Cobertura:** Compromiso de la aseguradora de indemnizar ante un siniestro cubierto, hasta el límite del capital asegurado.

Garantías Comunes: Fianza de Oferta (Bid Bond)

Es una garantía financiera presentada al licitar. Asegura que, si se gana, se firmará el contrato y se presentarán las garantías definitivas. Si el adjudicatario se retira sin causa justificada, el cliente ejecuta la fianza. Suele ser un porcentaje del valor del contrato y su costo (la prima pagada a la aseguradora o banco) debe incluirse en los gastos generales o costos indirectos de la propuesta.

Principales Seguros y Garantías Requeridos en Construcción

Seguro de Accidentes de Trabajo (ART / Compensación Laboral): Obligatorio en muchos países. Cubre asistencia médica, salarios caídos, rehabilitación, etc., por accidentes laborales o enfermedades profesionales. Protege al trabajador y al empleador.

Seguro de Vida Obligatorio (o Colectivo): Proporciona una suma a beneficiarios en caso de fallecimiento del trabajador.

Seguro de Responsabilidad Civil General (RCG): Cubre daños materiales o lesiones a terceros provocados durante la obra.

Seguro de Responsabilidad Civil Profesional (Errores y Omisiones - E&O): Para profesionales (ingenieros, arquitectos) por errores en diseño o supervisión.

Seguro de Contaminación Ambiental (Contractor's Pollution Liability - CPL): Protege ante incidentes ambientales durante la obra (derrames, contaminación gradual, manejo de materiales peligrosos). Crucial en proyectos con riesgos ambientales.

Seguro de Vehículos Comerciales: Cubre los vehículos de la empresa usados en la obra (RC, daños propios).

Garantía de Cumplimiento (Performance Bond): Asegura al cliente que el contratista cumplirá las obligaciones del contrato. Si el contratista falla, la aseguradora compensa al cliente (y luego reclama al contratista).

Garantía de Sustitución de Fondo de Reparo (Retention Bond): Permite al contratista cobrar el total de las certificaciones sin que el cliente retenga un porcentaje como garantía por defectos. La aseguradora garantiza la reparación de defectos durante el período de garantía. Libera flujo de caja.

Garantía por Anticipo Financiero (Advance Payment Bond): Protege al cliente si entrega un anticipo y el contratista no lo aplica correctamente a la obra o incumple.

Garantía de Pago (Payment Bond): Asegura que el contratista principal pagará a sus subcontratistas y proveedores principales, evitando reclamos contra el cliente.

Seguro Todo Riesgo Construcción (CAR - Contractor's All Risks): Cubre daños materiales a la propia obra durante su ejecución (incendio, robo, vandalismo, fenómenos naturales, errores de construcción).

Garantía de Mantenimiento (Maintenance Bond): Cubre defectos de construcción que aparecen después de finalizada la obra, durante el plazo de garantía (usualmente 1-2 años).

(Otras coberturas pueden ser exigidas según el país/proyecto).

Cláusulas Contractuales Relevantes

Renuncia de Subrogación (Waiver of Subrogation): Impide que la aseguradora del contratista demande al cliente para recuperar indemnizaciones pagadas.

Notificación Obligatoria: Exige que la aseguradora notifique al cliente antes de cancelar o modificar significativamente las pólizas.

Conclusión: Un Costo Crítico para la Viabilidad

Incluir correctamente los seguros y garantías en la propuesta es vital. Afecta la viabilidad del contrato, el flujo de caja y la seguridad del cliente. Un error puede descalificar la oferta o generar graves problemas financieros durante la ejecución. Conocer estas coberturas es fundamental para cualquier profesional del sector.

CHAPTER 15

Costo Financiero en Construcción

¿QUÉ ES EL COSTO FINANCIERO?

Es el conjunto de desembolsos (intereses, comisiones, gastos asociados) que realiza una empresa por **obtener y utilizar capital externo** (créditos, financiamiento) para poder ejecutar un proyecto. Es el "precio del dinero" prestado.

La Necesidad del Análisis Económico-Financiero

Cuando un contratista asume obras que superan su capacidad financiera inmediata, necesita buscar fondos. Ese dinero externo tiene un costo. Por eso, junto con la estimación técnica, es indispensable un **análisis económico-financiero** que compare:

El **Presupuesto de Gastos (Plan de Inversiones):** Cuánto dinero se necesita gastar y cuándo.

El **Presupuesto de Ingresos (Plan de Recursos):** Cuánto dinero se espera recibir y cuándo (anticipos, certificaciones).

La diferencia entre egresos e ingresos a lo largo del tiempo define las **necesidades de financiamiento**.

¿Cómo se Elabora el Plan de Inversiones?

Surge del plan de trabajo (cronograma), que a su vez parte de la planificación detallada:

Planificación: Definir tareas, insumos, tecnologías y duración de cada actividad (Diagrama de Gantt). Considerar productividad, aprovisionamiento y dependencias.

Cuantificación de Recursos: Asignar a cada actividad los recursos necesarios (materiales, mano de obra, equipos).

Costo por Etapa: Calcular el costo de cada etapa según los recursos asignados.

Plan de Inversiones: Sumar los costos por período (ej. mensual) para saber cuánto dinero se necesita gastar cada mes.

Elaboración del Plan de Ingresos y Flujo de Caja

Paralelamente, se construye un calendario de ingresos esperados (anticipos, certificaciones mensuales). Es crucial considerar los **plazos de pago reales** (ej. pago a 30 días de la certificación).

Al comparar el Plan de Inversiones (egresos) con el Plan de Ingresos (ingresos) mes a mes, se obtiene el **Flujo de Caja del Proyecto**. Este flujo muestra:

Necesidad de Capital Inicial: Cuánto dinero propio se necesita al principio.

Períodos de Déficit: Meses donde los gastos superan a los ingresos, indicando necesidad de financiación externa.

Determinación de las Necesidades de Financiamiento

El análisis de flujo de caja responde:

- ¿**Cuándo** se necesitará capital externo?
- ¿**Cuánto** se precisará (monto máximo del déficit acumulado)?
- ¿**Durante cuánto tiempo** se mantendrá ese déficit?

Con esta información, se puede calcular el costo financiero multiplicando el capital financiado por el tiempo y la tasa de interés aplicable.

Factores Contractuales Influyentes

El costo financiero no depende solo del proyecto, sino también de condiciones contractuales:

- **Plazos de Pago del Cliente:** Plazos largos aumentan la necesidad de financiación.
- **Condiciones de Pago a Proveedores/Subcontratistas:** Intentar alinear los pagos a proveedores con los cobros del cliente ayuda a equilibrar el flujo de caja.

Colaboración con el Departamento Financiero

Todo este análisis (plan de inversiones, flujo de caja, cálculo de costo financiero) debe hacerse en conjunto con el **departamento financiero** de la empresa. El resultado se incorpora a la estimación económica y es determinante para la rentabilidad real.

Al final de este libro se incluye un ejemplo completo y detallado del cálculo del costo financiero.

CHAPTER 16

Previsión por Contingencias

LA IMPORTANCIA DE LA PREVISIÓN POR CONTINGENCIAS

En toda estimación de presupuesto, es fundamental incluir una **previsión por contingencias**. Generalmente, son los accionistas o propietarios quienes definen cuánto asignar, con el objetivo claro de **proteger a la compañía de riesgos no contemplados** (o subestimados) en la estimación original. Esto no es sumar un porcentaje al azar, sino el resultado de un análisis de gestión de riesgos.

Tipos de Riesgo y Tipos de Reserva

Los riesgos se dividen en dos grandes categorías, cada una con su tipo de reserva:

Riesgo Identificado (Known-Unknowns): Riesgos que se conocen y pueden identificarse durante la planificación (ej. mal clima, posibles demoras en permisos), aunque su impacto exacto sea incierto.

La Reserva para Contingencias: Se asigna para cubrir estos riesgos. **Sí forma parte de la Línea Base de Costos** del proyecto.

Línea Base de Costos=Costo Estimado + Reserva para Contingencias

Riesgo No Identificado (Unknown–Unknowns): Eventos totalmente inesperados, no detectados durante el análisis de riesgos

Reserva de Gestión: Es el monto reservado para riesgos no identificados o cambios de alto nivel (control de la dirección o del cliente).

No forma parte de la línea base de costos.

Presupuesto Total=Línea Base de Costos +Reserva de Gestión

¿Cómo se Calcula la Reserva para Contingencias?

La cantidad de dinero (o tiempo) asignada se estima considerando (generalmente para riesgos negativos):

La **probabilidad** de ocurrencia del riesgo.

La **magnitud económica** de su impacto si ocurre.

El **costo** de las acciones posibles para mitigarlo o responder a él. (Métodos específicos incluyen análisis de valor esperado, simulación Monte Carlo, etc.). Los líderes del proyecto definen el monto final.

¿Cuándo Incluir una Reserva para Contingencias? (Ejemplos)

Se incluye cuando hay base técnica o estadística para prever costos adicionales. Ejemplos:

Proyectos en zonas con **clima inestable** (lluvias, heladas, vientos, inundaciones).

Posibles **conflictos laborales** (sindicatos activos, riesgo de huelgas).

Contextos **económicos o políticos inestables** (inflación, cambios regulatorios).

Proyectos con **plazos muy ajustados** y penalidades altas.

Diseños incompletos o ambiguos en la licitación.

Proyectos de **larga duración** (riesgo de aumento de costos no cubierto por fórmulas de ajuste).

La Reserva de Gestión: Uso y Autorización

Definida por la **alta dirección**.

Cubre eventos **totalmente imprevistos**.

No incluida en la línea base de costos.

Se mantiene hasta el final y **solo se usa con autorización** de la alta dirección.

Ejemplo 1: Cambio en normativas ambientales

Proyecto: Construcción de una planta industrial.

Situación: En medio del proyecto, una nueva regulación ambiental exige la instalación de filtros adicionales en los sistemas de ventilación.

Impacto: Este cambio no estaba contemplado en la planificación ni en los riesgos identificados. Representa un costo adicional por rediseño, compra e instalación de nuevos equipos.

Uso de la Reserva de Gestión: Se utiliza parte de la reserva para absorber este nuevo requerimiento legal, evitando afectar la línea base del proyecto.

Ejemplo 2: Instrucción de último minuto por parte del cliente

Proyecto: Montaje de un sistema de tuberías para una refinería.

Situación: El cliente solicita a último momento cambiar la ubicación de varios equipos críticos por decisiones estratégicas internas.

Impacto: Requiere reconfigurar rutas de tuberías, comprar nuevo material y reprogramar parte del montaje.

Uso de la Reserva de Gestión: Como este cambio fue impuesto por el cliente y no era previsible por el equipo, se justifica el uso de la reserva de gestión para cubrir estos nuevos costos y tiempos sin modificar los compromisos base.

Diferencia clave:

La reserva de contingencia cubre riesgos identificados y cuantificados previamente.

La reserva de gestión cubre lo inesperado o no identificado, y su uso normalmente requiere aprobación de instancias superiores o del cliente.

Conclusión: Anticiparse es una Necesidad

Incluir reservas apropiadas (contingencias y gestión) es esencial para proteger la viabilidad financiera del proyecto ante eventos adversos. En planificación, anticiparse y gestionar los riesgos es una necesidad técnica y una condición para el éxito.

CHAPTER 17

El Margen de Beneficio en Proyectos

Cuando se evalúa la rentabilidad de un proyecto de construcción o montaje, el **margen de beneficio** es uno de los indicadores financieros más importantes a considerar.

¿Qué es el Margen de Beneficio?

El margen de beneficio representa el porcentaje de ganancia que una empresa obtiene sobre sus ingresos totales, después de haber deducido todos los costos directos e indirectos asociados a la ejecución del proyecto y la prestación del servicio. En esencia, mide la eficiencia con la que una empresa convierte sus ingresos en beneficios.

¿Cómo se Calcula el Margen de Beneficio en Obras?

El cálculo del margen de beneficio sigue un procedimiento claro:

Identificar los Ingresos Totales: Suma de todo el dinero recibido o facturado por el proyecto.

Calcular los Costos Totales: Suma de todos los gastos incurridos para completar el proyecto. Esto incluye:

- Costos directos (materiales, mano de obra directa, uso de equipos, subcontratistas, permisos).
- Costos indirectos o generales (gastos administrativos, alquiler de oficinas, seguros, etc., asignados al proyecto).

Obtener el Beneficio Neto: Restar los costos totales de los ingresos totales.

Beneficio Neto = Ingresos Totales - Costos Totales

Calcular el Margen de Beneficio: Dividir el beneficio neto entre los ingresos totales y multiplicar por 100 para expresarlo como porcentaje.

Margen de Beneficio (%)=(Beneficio Neto/Ingresos Totales)×100

De manera equivalente, el margen de beneficio (%) se calcula usando la siguiente fórmula:

Margen de Beneficio (%) = [(Ingresos Totales - Costos Totales) / Ingresos Totales] × 100

¿Por Qué es Importante Monitorear el Margen de Beneficio?

Mantener un margen de beneficio saludable es fundamental para la viabilidad y el éxito a largo plazo de cualquier empresa constructora:

- **Sostenibilidad:** Asegura que la empresa pueda cubrir sus gastos operativos y generar excedentes.
- **Crecimiento:** Proporciona los fondos necesarios para la reinversión, expansión y adquisición de nueva tecnología o equipos.
- **Competitividad:** Permite a la empresa resistir fluctuaciones del mercado y competir eficazmente.

Señal de Alerta: Un margen bajo o decreciente puede indicar problemas como:

- Ineficiencias operativas.
- Errores en la estimación inicial de costos.
- Presión competitiva que obliga a bajar precios.
- Incrementos inesperados en los costos de materiales o mano de obra.

Por ello, es crucial un monitoreo constante del margen y la toma de decisiones informadas para asegurar la rentabilidad del negocio.

Márgenes de Beneficio Habituales en el Sector Construcción

Los márgenes de beneficio en construcción y montaje pueden variar significativamente según el tamaño del proyecto, el nivel de riesgo asociado, la competencia y la especialización de la empresa. A modo orientativo, se observan los siguientes rangos:

- **Proyectos pequeños o de alto riesgo:** 20% - 30%
- **Proyectos medianos con riesgo moderado:** 15% - 20%
- **Obras grandes con buena estabilidad:** 10% - 15%
- **Megaproyectos con bajo riesgo:** 5% - 10%

Cada empresa establece su margen objetivo considerando factores estratégicos como:

- La estabilidad económica general.
- Su propia capacidad operativa y financiera.
- El nivel de riesgo específico del proyecto.
- El retorno de la inversión (ROI) esperado.
- La estrategia de relación con el cliente (proyectos puntuales vs. relaciones a largo plazo).

Impacto de la Variación de Costos en el Precio de Venta

Es vital entender cómo los cambios en los costos afectan el precio de venta necesario para mantener un margen de beneficio deseado. Si los costos aumentan (por ejemplo, por inflación de materiales o mano de obra), el precio de venta debe ajustarse proporcionalmente para conservar el mismo porcentaje de margen. Herramientas de análisis financiero y simulaciones ayudan a visualizar esta relación directa y a tomar decisiones de precios adecuadas.

Esta infografía muestra cómo cambia el precio de venta al ajustar los costos, manteniendo un margen de ganancia del 20%. Es útil para visualizar la relación entre costo y precio necesario para mantener la rentabilidad.

Variación en el Precio de Venta con un Margen de Ganancia del 20%

Costo	Precio de Venta
$80	$100
$100	$125
$120	$150
$140	$175
$160	$200

¿Qué se Hace con las Utilidades Generadas?

Las utilidades o beneficios netos obtenidos pertenecen a los dueños de la empresa.

- En **empresas privadas**, corresponden a los socios o propietarios.
- En **empresas que cotizan en bolsa**, corresponden a los accionistas.

Estos beneficios pueden tener diversos destinos, según la estrategia financiera de la empresa:

- **Pago de dividendos:** Distribuir ganancias a los accionistas/propietarios.
- **Reinversión:** Financiar nuevos proyectos, comprar maquinaria, expandir operaciones.
- **Recompra de acciones:** Aumentar el valor para los accionistas restantes (en empresas cotizadas).
- **Reducción de deudas:** Fortalecer la estructura financiera de la empresa.
- **Aumento de reservas:** Crear un colchón financiero para futuras contingencias.

Un Concepto Relacionado: El Markup

Además del margen de beneficio (calculado sobre los ingresos), en el sector se utiliza a menudo el concepto de **Markup La diferencia entre "margen sobre el costo" y "margen sobre el precio" (que a menudo se llama simplemente "margen") radica en la base sobre la cual se calcula el**

porcentaje de ganancia.

Ambos son métodos para determinar el precio de venta de un producto o servicio, pero parten de puntos diferentes.

Markup sobre el Costo:

Concepto: Es un porcentaje que se añade al costo de un producto para determinar su precio de venta. La base del cálculo es el costo del producto.

Fórmula:

Precio de Venta = Costo × (1 + Porcentaje de Margen sobre Costo)

Margen sobre el Precio (Margen o Margen Bruto Porcentual):

Concepto: Representa qué porcentaje del precio de venta final es ganancia bruta. La base del cálculo es el precio de venta.

Cómo se calcula: Se busca que la diferencia entre el precio de venta y el costo sea un porcentaje determinado del precio de venta.

Fórmula:

Precio de Venta = Costo / (1 - Porcentaje de Margen)

El Matkup

Lo anterior se ve claramente en la siguiente infografía

MARKUP SOBRE EL COSTO	VS	MARKUP SOBRE EL PRECIO
FÓRMULA Precio = Costo ×(1 + Markup%)		**FÓRMULA** Precio = Costo ÷ (1 - Markup%)
BASE DEL PORCENTAJE El % se aplica sobre el costo		**PERSPECTIVA** Se enfoca en cuánto se le incrementa la ganancia del total vendido
USO COMÚN Estimadores, costos internos, contratistas		**USO COMÚN** Contadores, análiísis financiero, rentabilidad de venta

EJEMPLO COMPARATIVO (CON COSTO = $100)

TIPO DE MARKUP	% MARKUP	PRECIO FINAL	GANANCIA	MARGEN DE GANANCIA (%)
Sobre el costo	30%	$130	$30	23,1%
Sobre el precio	30%	$142,86	$42,86	30%

CHAPTER 18

Consideraciones Fiscales en Proyectos

Al preparar propuestas técnicas y económicas para proyectos de construcción o montaje, la correcta estimación e inclusión de los **impuestos aplicables** es un aspecto fundamental que no debe pasarse por alto.

¿Por Qué es Crucial Considerar los Impuestos?

Las cargas tributarias tienen un **impacto directo y significativo en las finanzas** de cualquier proyecto. Omitir o subestimar los impuestos en la fase de presupuesto puede llevar a errores graves en el cálculo del precio final de oferta, afectando la rentabilidad esperada e incluso generando pérdidas.

Este análisis ofrece una visión general de los impuestos más comunes que inciden en los proyectos de construcción y montaje.

¿Qué es un Impuesto?

Un impuesto es una **carga financiera obligatoria** impuesta por una entidad gubernamental (nacional, provincial, municipal) a personas físicas y jurídicas (empresas). El objetivo principal de los impuestos es **financiar el gasto público**, que incluye servicios esenciales como infraestructura, salud, educación, seguridad, entre otros.

La recaudación está a cargo de una **autoridad fiscal** designada, y las normativas específicas (tipos de impuestos, tasas, exenciones) varían considerablemente según el país, la región e incluso el tipo de actividad económica o empresa.

En el ámbito de la construcción, el componente de impuestos suele ser uno de los últimos elementos a considerar al **cerrar el precio de oferta**, pero su correcta estimación es vital desde el inicio.

Principales Tipos de Impuestos que Impactan en la Construcción

A continuación, se describen algunos de los impuestos más relevantes que pueden afectar a un proyecto:

Impuesto sobre la Renta (o Ganancias) de las Personas Físicas:

- Aplica a los ingresos obtenidos por individuos.
- En muchos países opera bajo un sistema progresivo: a mayor nivel de ingresos, mayor es la tasa impositiva.
- Relevante para propietarios únicos o socios, así como para la retención sobre salarios de empleados.

Impuesto sobre la Renta (o Ganancias) de Sociedades:

Grava los beneficios o utilidades generadas por las empresas.

Las tasas y regulaciones varían según la jurisdicción y, en algunos casos, el tamaño o tipo de la empresa.

Es un costo corporativo clave que debe ser considerado en la rentabilidad general.

Impuesto sobre las Ventas (IVA - Impuesto al Valor Agregado u otros):

- Se aplica sobre la venta de la mayoría de bienes y servicios, incluyendo los servicios de construcción y los materiales.
- Generalmente, la empresa actúa como agente recaudador: cobra el impuesto al cliente (incluido en la factura) y posteriormente lo declara y transfiere a la autoridad fiscal.
- Su gestión (créditos y débitos fiscales) es crucial en la estructura de costos y precios.

Impuesto sobre la Propiedad Inmobiliaria:

- Grava la posesión de bienes inmuebles (terrenos, edificios).
- Suele ser de carácter local (municipal o provincial) y se destina a financiar servicios de esa jurisdicción.
- Impacta si la empresa constructora posee terrenos, talleres u oficinas.

Impuestos sobre la Nómina (Cargas Sociales):

- Son contribuciones calculadas sobre los salarios de los empleados. Una parte puede ser retenida al trabajador y otra parte es pagada directamente por el empleador.
- Financian programas de seguridad social (jubilaciones, pensiones), salud pública, seguros de desempleo, etc.
- Representan un componente importante del costo de la mano de obra.

Impuestos Especiales (Selectivos al Consumo):

- Gravan productos o actividades específicas (ej. combustibles, alcohol, tabaco).
- Pueden impactar indirectamente los costos del proyecto a través del precio de insumos como el combustible para maquinaria.

Responsabilidad del Contratista y Agentes de Retención

Responsabilidad Fiscal del Contratista: Salvo que el contrato especifique lo contrario de forma explícita, **el contratista es responsable de asumir y pagar todos sus propios impuestos** (nacionales, provinciales, municipales, etc.) derivados de su actividad y del proyecto. Por lo tanto, debe incluir una previsión para estas cargas en su estructura de costos y precio de oferta.

Cliente como Agente de Retención: Es muy común que el cliente actúe como **agente de retención**. Esto significa que, al realizar pagos al contratista, el cliente deduce (retiene) ciertos porcentajes correspondientes a impuestos específicos (como el Impuesto a las Ganancias, IVA, Ingresos Brutos, según la legislación local) y los ingresa directamente a la autoridad fiscal en nombre del contratista. El contratista debe tener esto en cuenta para su flujo de caja y su contabilidad fiscal.

Advertencia Importante: Complejidad Fiscal

La legislación tributaria es **compleja, específica de cada jurisdicción y está sujeta a cambios frecuentes**. La información aquí presentada es una guía general y no sustituye el asesoramiento profesional.

Es **fundamental consultar con expertos contables o fiscales** familiarizados con la normativa local e internacional aplicable. Esto asegura:

- El cumplimiento de todas las obligaciones fiscales.
- La prevención de multas y sanciones.
- La optimización de la carga fiscal dentro del marco legal.
- La presentación de ofertas económicas precisas y competitivas.
- La protección de la salud financiera de la empresa.

CHAPTER 19

Estimación de Mano de Obra Directa:

Este documento presenta un ejemplo concreto para ilustrar cómo se estima la **mano de obra directa**, expresada en **Horas-Hombre (HH)**, necesaria para la construcción de una base de hormigón armado de pequeñas dimensiones.

Contexto del Proyecto

Elemento a Construir: Base de hormigón armado.

Suministro de Hormigón: Se realiza desde una planta semiautomática ubicada dentro del mismo predio de la obra. Esta condición reduce significativamente los tiempos asociados al transporte y descarga del hormigón fresco.

Especificaciones Técnicas de la Base

Las características de la base son las siguientes:

Altura: 0.50 metros

Largo: 3.00 metros

Ancho: 2.00 metros

Volumen de Hormigón: $3.00m \times 2.00m \times 0.50m = 3.00m3$

Cuantía de Acero de Refuerzo: 100 kg por cada metro cúbico de hormigón (Total: $3m3 \times 100kg/m3 = 300kg$).

Estimación del Tiempo Estándar Base (Horas-Hombre)

El cálculo inicial de las Horas-Hombre se basa en **rendimientos estándar** para tareas normalizadas, obtenidos de cuadros técnicos de referencia o bases de datos de la empresa.

Importante: En esta fase inicial del cálculo (tiempo estándar base), generalmente se excluyen trabajos preparatorios o complementarios como la excavación y el relleno, los cuales se consideran más adelante como ajustes o tiempos variables.

Las tareas típicamente incluidas en este cálculo base para una estructura de hormigón armado son:

Montaje y desmontaje de encofrados (moldes).

Corte, doblado y colocación del acero de refuerzo.

Vertido, vibrado y acabado inicial del hormigón.

El cálculo de horas-hombre se basa en tareas normalizadas.

Y en esta etapa se excluyen los trabajos de excavación y relleno.

Según el cuadro técnico de referencia, se estiman los siguientes tiempos:

Ítems	Cantidad	Unidad	Rendimiento Estimado	Horas-Hombre (HH)
Montaje de Acero de Refuerzo (Cuantía: 100 kg/m³)	300	kg	10.00 kg/hs-h	30
Vertido de Hormigón Elaborado	3	m³	1.50 hs-h/m³	4.5
Ejecución de Encofrado (Uso único) Pared húmeda (*)	5	m² (*)	0.35 m²/hs-h	14.28
Total Estimado (Tiempo Base)				48.78

De la aplicación de los rendimientos estándar para este ejemplo resulta en un total estimado de:

Tiempo Estándar Base = 48.78 Horas-Hombre (HH)

Este valor representa el tiempo teórico necesario para ejecutar las tareas centrales de la estructura en condiciones ideales o estandarizadas.

Ajustes por Tiempos Variables y Condiciones Específicas

Es crucial entender que el **tiempo estándar base no es el tiempo total final**. A este valor deben sumarse los tiempos asociados a factores variables y condiciones particulares de la obra. Estos incluyen, entre otros:

Movilización Interna: Tiempo de traslado de materiales (acero, madera para encofrado, etc.) desde el acopio hasta el punto exacto de construcción.

Replanteo y Verificación: Tiempo dedicado a marcar en el terreno la ubicación exacta de la base y verificar dimensiones según planos.

Agua Subterránea: Si existe presencia de agua en la excavación (napa freática alta), se debe añadir el tiempo necesario para su control o abatimiento (ej. bombeo).

Excavación y Relleno: Tiempo efectivo de excavación del terreno para alojar la base y posterior relleno y compactación una vez construida.

Capa de Limpieza: Tiempo para preparar y verter la capa de hormigón pobre (si se especifica) sobre la que apoyará la base estructural.

Curado, Desencofrado y Limpieza: Tiempo dedicado al proceso de curado del hormigón, posterior retiro de los moldes (desencofrado) y limpieza final del área y la estructura.

Interferencias y Condiciones del Sitio: Si la obra se realiza en un entorno operativo (ej. una planta industrial en funcionamiento), se deben considerar posibles demoras adicionales debido a:

- Interferencias con otras actividades.
- Restricciones de acceso o circulación.
- Cumplimiento de protocolos específicos de seguridad y permisos de trabajo.

Conclusión

Este ejemplo demuestra que la estimación de la mano de obra directa, incluso para un elemento relativamente simple como una base de hormigón, requiere un análisis detallado. No basta con aplicar rendimientos estándar; es fundamental **identificar y cuantificar los factores variables** propios de cada proyecto y sitio de trabajo.

La consideración conjunta de los **tiempos estándar y los tiempos variables** permite obtener una estimación de Horas-Hombre mucho más **realista y ajustada a la realidad**. Esta estimación refinada es esencial para:

- Una correcta planificación de recursos y cronogramas.
- Un cálculo de costos más preciso.

La toma de decisiones informadas durante la ejecución del proyecto.

CHAPTER 20

Costo Horario de Operación: Camioneta 4x4

A continuación, se presenta un ejemplo detallado del método para calcular el costo por hora de operación de un equipo, utilizando como caso una camioneta 4x4 con motor de seis cilindros. Este desglose ayuda a comprender los diferentes componentes que influyen en el costo total.

Advertencia Importante:

Los valores numéricos (precios, tasas de interés, consumos, vida útil, porcentajes, etc.) utilizados en este ejemplo son puramente referenciales y con fines didácticos. Un análisis real y preciso siempre debe basarse en:

- Datos actualizados del mercado.
- Especificaciones técnicas y costos reales del equipo en cuestión.
- Condiciones geográficas (precios de combustibles, repuestos, mano de obra y regulaciones locales).
- Condiciones específicas de uso dentro del proyecto (intensidad, tipo de terreno, etc.).
- Políticas financieras y operativas de la empresa (tasa de interés considerada, políticas de mantenimiento).

Estructura del Costo Horario:

El costo horario total se compone de varios elementos que se agrupan típicamente en:

- Costos Fijos (de Posesión)
- Costos Variables (de Operación/Consumos, incluyendo Mantenimiento y Reparación)
- Costo de Mano de Obra (Operador)
- Otros costos. (si aplica, como la Vigilancia puntual del Equipo, cuando queda alejado del Obrador)

Apartado 1: Cálculo del Costo Fijo Horario (Costos de Posesión)

Los costos fijos son aquellos asociados a la **propiedad y disponibilidad** del equipo, incurridos independientemente de su nivel de utilización durante un período determinado.

1.1. Valor Neto del Equipo:

Es el valor base sobre el cual se calculan la depreciación y los intereses. Se obtiene restando del valor de adquisición aquellos componentes que tienen una vida útil o método de amortización diferente (como neumáticos o accesorios especiales).

Valor Neto = Valor Adquisición - Costo Anual Neumáticos - Valor Piezas Especiales/Accesorios

(Nota: Para este ejemplo, se asume que el Valor Neto ya ha sido calculado y proporcionado).

1.2. Componentes del Costo Fijo Horario:

Depreciación: Refleja la pérdida de valor contable y de mercado del equipo debido al desgaste físico y la obsolescencia tecnológica a lo largo de su vida útil operativa estimada.

Valor Residual (o de Reventa): Valor estimado del equipo al finalizar su vida útil (ej. puede ser un porcentaje del Valor de Adquisición, como 20%).

Cálculo Depreciación Horaria:

Depreciación Horaria = (Valor Neto - Valor Residual) / Vida Útil Total Estimada (en horas)

Interés del Capital Invertido: Representa el costo financiero asociado al capital inmovilizado en el equipo. Puede ser el costo de oportunidad (lo que se dejó de ganar al invertir en el equipo en lugar de otra opción) o el interés pagado si el equipo fue financiado.

Inversión Media Anual: Valor promedio del capital invertido en el equipo a lo largo de su vida útil.

Se calcula como: ***Inversión Media = (Valor Neto + Valor Residual) / 2***

Cálculo Interés Horario: Se necesita una Tasa de Interés Anual (T.I.A.) relevante (costo de capital de la empresa, tasa de financiación, etc.) y las horas de uso anual estimadas (un estándar común es 2000 horas).

Interés Horario = (Inversión Media × T.I.A.) / Horas de Uso Anual

Seguros, Impuestos y Almacenamiento (SIA): Costos anuales directamente relacionados con la tenencia legal y física, y el resguardo del equipo.

Estimación: Generalmente se calculan como porcentajes anuales aplicados sobre la Inversión Media Anual (ej. Seguro 5.5%, Impuestos/Patentes 1.5%, Almacenamiento/Garaje 1.5%-2.0%). La suma de estos porcentajes se aplica a la Inversión Media.

Cálculo Costo SIA Horario:

Costo SIA Anual = Inversión Media × (%Seguro + %Impuestos + %Almacenamiento) Costo SIA Horario = Costo SIA Anual / Horas de Uso Anual

Costo Fijo Horario ≈ $3.45 (Este valor debe calcularse con datos reales en un caso práctico).

Apartado 2: Costo Horario Variable (Costos de Operación/Consumos)

Estos costos dependen directamente de las horas de funcionamiento y la intensidad de uso del equipo.

Combustible: Uno de los principales costos variables.

Supuestos del Ejemplo: Consumo Promedio: 8.5 litros/hora; Precio Combustible: $1.00/litro.

Cálculo Costo Combustible Horario:

Costo Combustible Horario = Consumo Promedio (L/hr) × Precio Combustible ($/L) Ejemplo: 8.5 L/hr × $1.00/L = $8.50/hr

Factores Reales: El consumo real varía enormemente según estilo de conducción, velocidad, mantenimiento del motor, condiciones del terreno/tráfico, carga transportada, uso de aire acondicionado, clima, etc. Es crucial medir y utilizar consumos reales promedio para el tipo de operación.

Lubricantes: Incluye aceites (motor, transmisión, diferenciales, hidráulicos), grasas y otros fluidos necesarios para el funcionamiento y protección del equipo.

Estimación Común (Ejemplo): A menudo se estima como un porcentaje del costo horario de combustible (ej. 5% a 10%). Aquí usamos 7%.

Cálculo Costo Lubricantes Horario:

Costo Lubricantes Horario = %Estimado × Costo Combustible Horario Ejemplo: 0.07 × $8.50/hr ≈ $0.60/hr

Nota: Un cálculo más preciso se basa en la capacidad de los cárteres, los intervalos de cambio recomendados por el fabricante y los precios reales de los lubricantes.

Neumáticos: Costo significativo, especialmente en vehículos. Su desgaste depende del uso, tipo de terreno y mantenimiento.

Supuestos del Ejemplo: Vida útil estimada: 1 año (por condiciones severas); Costo del juego completo (4 neumáticos): $1000; Uso Anual: 2000 horas.

Cálculo Costo Neumáticos Horario:

Costo Neumáticos Horario = Costo Anual Neumáticos / Horas de Uso Anual Ejemplo: $1000 / 2000 hr = $0.50/hr

Notas Clave: El tipo de neumático (baja resistencia a la rodadura) y mantener la presión correcta pueden optimizar el consumo de combustible (hasta un 15% de impacto).

Mantenimiento y Reparaciones (MyR): Costos incurridos para mantener el equipo en condiciones operativas óptimas. Incluye mantenimientos preventivos (cambios de aceite, filtros, revisiones programadas) y reparaciones correctivas (reemplazo de piezas por desgaste o falla). Se considera mayoritariamente variable porque la necesidad de MyR aumenta con las horas de uso y la intensidad del trabajo.

Estimación Común (Ejemplo): Frecuentemente estimado como un porcentaje del costo de depreciación anual (ej. 50% a 100%, dependiendo de la severidad del uso y tipo de equipo). Usaremos 50% como ejemplo.

Depreciación Anual = (Valor Neto - Valor Residual) / Vida Útil (en años)

Costo MyR Anual Estimado = %MyR × Depreciación Anual

Cálculo Costo MyR Horario:

Costo MyR Horario = Costo MyR Anual Estimado / Horas Uso Anual Ejemplo (asumiendo que el cálculo anual dio $4000): $4000 / 2000 hr = $2.00/hr

Métodos Más Precisos: Utilizar registros históricos de costos de MyR por hora para equipos similares o estimaciones detalladas basadas en el plan de mantenimiento del fabricante y costos esperados de repuestos y mano de obra de taller.

Sumando los componentes variables del ejemplo:

Costo Variable Horario = Combustible + Lubricantes + Neumáticos + MyR

Costo Variable Horario = $8.50 + $0.60 + $0.50 + $2.00 = $11.60/hr

Parte 3: Costo Horario de Mano de Obra (Operador)

Corresponde al costo del personal directamente necesario para operar el equipo.

Salario Base del Operador (Ejemplo): $10.00/hora.

Cargas Sociales, Beneficios y Provisiones (Ejemplo): Porcentaje adicional sobre el salario base que cubre obligaciones legales (aportes jubilatorios, obra social, ART), beneficios (vacaciones, aguinaldo) y otros costos laborales. Este porcentaje varía drásticamente según la legislación local, convenios colectivos y políticas de la empresa. (Ejemplo: 65%).

Cálculo Cargas Sociales Horarias = Salario Base Horario × %Cargas Sociales Ejemplo: $10.00/hr × 0.65 = $6.50/hr

Supuesto: Se considera que el operario dedica el 100% de su tiempo a la operación de este equipo durante la hora analizada. Si opera múltiples equipos o realiza otras tareas, se debe prorratear.

Costo Total Mano de Obra Horario = Salario Base + Cargas Sociales

Costo Total Mano de Obra Horario = $10.00 + $6.50 = $16.50/hr

-

Costo Horario de Vigilancia (Si Aplica)

Costo asociado a la seguridad y resguardo del equipo, especialmente relevante para maquinaria de alto valor o si opera en sitios con riesgo de robo o vandalismo, alejados del Obrador.

Estimación (Ejemplo): Podría estimarse como un porcentaje del costo de mano de obra o como un costo fijo distribuido entre las horas de uso. Aquí se usa 10% del costo horario total de mano de obra.

Cálculo Costo Vigilancia Horario:

Costo Vigilancia Horario = %Estimado × Costo Total Mano de Obra Horario Ejemplo: 0.10 × $16.50/hr = $1.65/hr

(Resultado Parcial Vigilancia - Ejemplo):

Costo Horario Estimado por Vigilancia = $1.65/hr

Resumen del Costo Total Horario de Operación

Se suman todos los componentes calculados para obtener el costo horario total:

- Costo Fijo Horario (Posesión): $ 3.45
- Costo Variable Horario (Operación/Consumos + MyR): $ 11.60
- Costo de Mano de Obra Horario (Operador): $ 16.50
- Costo de Vigilancia Horario (Si aplica): $ 1.65

Costo Total Horario de Operación Estimado: $3.45 + $11.60 + $16.50 + $1.65 = $33.20/ hora

Conclusión

Este método de cálculo desglosado provee una estructura robusta para determinar el costo horario de operación de cualquier tipo de maquinaria o vehículo. La **precisión del resultado final depende críticamente de la calidad de los datos de entrada**: utilizar valores reales, actualizados y específicos para cada componente, adaptados al contexto particular del equipo, proyecto y empresa.

Conocer y controlar el costo horario de los equipos es fundamental para:

- Elaborar presupuestos de obra y licitaciones precisos.
- Evaluar la eficiencia operativa y comparar el rendimiento entre diferentes equipos o métodos.
- Tomar decisiones informadas sobre gestión de flotas (alquiler vs. Compra y definir el momento óptimo de reemplazo).
- Asignar costos de manera correcta a las distintas fases, tareas o centros de costo dentro de un proyecto.
- **Establecer tarifas de alquiler interno o externo competitivas y rentables.**

CHAPTER 21

Ejemplo de Análisis Financiero

ANÁLISIS SIMPLIFICADO DE FLUJO DE FONDOS PARA UN PROYECTO DE CONSTRUCCIÓN

Este documento presenta un ejemplo simplificado para ilustrar el análisis de las necesidades financieras y la gestión del flujo de fondos durante la ejecución de un proyecto de construcción. Comprender y planificar la **sincronización** entre los gastos y los ingresos es crucial para la viabilidad económica y el éxito de cualquier obra.

Definición del Proyecto Ejemplo:

- **Obra:** Construcción de dos (2) bases de hormigón armado.
- **Volumen Total:** 20 metros cúbicos (10 m^3 cada base).
- **Objetivo del Análisis:** Determinar las necesidades de capital de trabajo.

Paso 1: Cronograma de Ejecución y Proyección de Egresos

El punto de partida es un **cronograma de ejecución** detallado (ej. Diagrama de Gantt) que planifica todas las tareas del proyecto en el tiempo.

Paralelamente, se desarrolla la **Proyección de Egresos**. Este flujo estima los desembolsos necesarios (costos directos de materiales y mano de obra, costos indirectos, etc.) período a período (ej. mensualmente) para realizar las tareas programadas. Representa el **plan de inversión o gasto** requerido a lo largo del tiempo.

Paso 2: Proyección del Flujo de Ingresos Esperados

A continuación, se proyecta el **Flujo de Ingresos**, basado en los cobros que el contratista espera recibir. Estos ingresos suelen estar vinculados al **avance físico certificado** de la obra.

Un factor crítico es el **plazo de pago contractual**. En construcción, es habitual que los pagos se reciban un tiempo considerable después de la certificación del trabajo realizado (ej. 30, 60, 90 días o más).

Consideración Clave (Ejemplo):

Para este análisis, asumiremos un plazo de pago de 30 días tras la certificación mensual. Este desfase temporal (lag) es fundamental, ya que significa que los gastos se incurren antes de recibir el pago por ese mismo trabajo.

Paso 3: Análisis del Flujo de Fondos Neto y Saldo Acumulado

Con las proyecciones de egresos e ingresos realizadas, el núcleo del análisis consiste en compararlas en el tiempo para calcular:

Flujo de Fondos Neto Mensual:

Ingresos del Mes - Egresos del Mes

Indica si en un mes específico entró más dinero del que salió (superávit) o viceversa (déficit).

Saldo Acumulado:

Saldo del Mes Anterior + Flujo Neto del Mes Actual

Muestra el balance financiero total acumulado al final de cada período, reflejando la posición de caja del proyecto.

Este análisis comparativo revela dos métricas financieras vitales:

Necesidad Máxima de Financiación (Máximo Déficit Acumulado):

El punto más bajo (el valor más negativo) alcanzado por el Saldo Acumulado. Representa la **mayor cantidad de dinero** que el contratista necesitará aportar (con fondos propios o financiación externa) para cubrir la brecha temporal entre gastos e ingresos, especialmente en las fases iniciales.

Períodos de Déficit:

Aquellos períodos (meses) donde el Flujo de Fondos Neto es negativo y/o el Saldo Acumulado es negativo, indicando la necesidad de cobertura financiera.

Aplicación al Ejemplo (Escenario Conceptual):

Imaginemos un margen de beneficio neto del 30% sobre costos y el plazo de pago de 30 días mencionado. Un análisis detallado (típicamente una tabla o gráfico) mostraría:

- **Meses Iniciales:** Egresos significativos para materiales, mano de obra, etc.
- **Primeros Ingresos:** Retrasados debido al plazo de pago (ej. el ingreso por el trabajo del Mes 1 se recibe recién en el Mes 2).
- **Resultado:** El Saldo Acumulado será **negativo** durante los primeros meses (ej. Mes 1, 2, 3). El contratista debe financiar estos trabajos iniciales. El déficit acumulado crecerá hasta alcanzar su **punto máximo**.

- **Meses Posteriores:** A medida que los ingresos comienzan a fluir y superan a los egresos mensuales, el déficit acumulado empieza a disminuir hasta volverse positivo (si el proyecto es rentable).

Diagrama Conceptual del Flujo de Fondos:

El siguiente diagrama ilustra de forma simplificada la comparación entre Egresos Acumulados e Ingresos Acumulados, mostrando el desfase y la necesidad de financiación.
Se asume, que no hay fondos iniciales y se debe financiar la brecha hasta que los ingresos superen a los egresos.

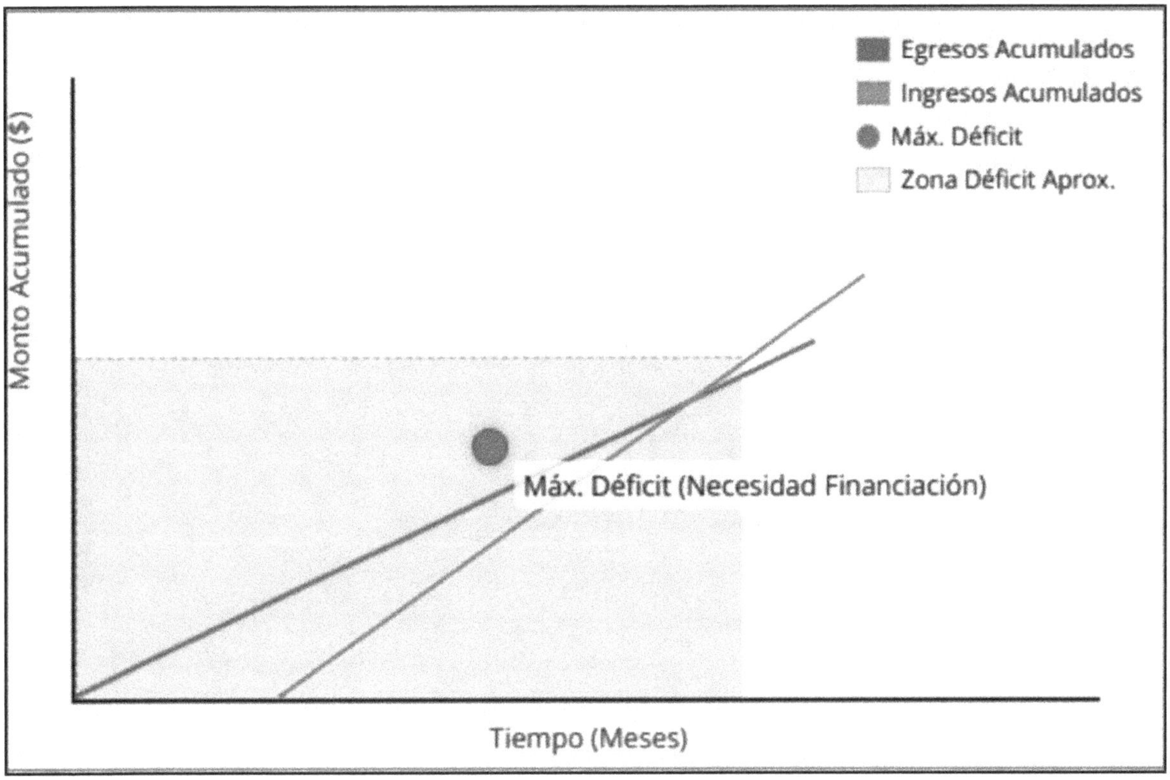

Paso 4: Preguntas Clave Respondidas por el Análisis

El análisis del flujo de fondos y su visualización (como el diagrama conceptual anterior) proporcionan respuestas directas a preguntas financieras esenciales para la gestión del proyecto:

¿Cuándo se necesitará financiación adicional (capital de trabajo)? (Identificando los períodos de saldo negativo).

¿Cuánto será el monto máximo de financiación requerido? (Identificando el Máximo Déficit Acumulado).

El máximo déficit se alcanza siguiendo la "cuenta bancaria" acumulada del proyecto mes a mes y encontrando el momento en que el saldo llega a su punto más bajo debido al desfase entre los pagos que se hacen y los cobros que se reciben. Ese punto representa la máxima cantidad de dinero que el proyecto necesita "adelantar" o financiar.

¿Durante cuánto tiempo persistirá la necesidad de financiación o el saldo será negativo? (Determinando la duración del período de déficit).

¿Cómo se cubrirá esta necesidad? (Evaluando si se usarán fondos propios o se requerirá financiación externa: créditos, aportes, etc.).

Conclusión: Más Allá del Costo del Dinero

El costo financiero de un proyecto de construcción va más allá de los posibles intereses pagados por créditos. Incluye el **costo de oportunidad** del capital propio inmovilizado y la capacidad de la empresa para **gestionar eficazmente su capital de trabajo**.

Anticipar las necesidades de flujo de fondos *– saber cuándo se necesitará dinero, en qué cantidad y durante cuánto tiempo – es tan vital para el éxito del proyecto como controlar los costos técnicos de ejecución (ej. costo por* m^3 *de hormigón). Un análisis de flujo de fondos proactivo es una herramienta indispensable para la toma de decisiones informadas y la gestión financiera eficiente en la construcción*

ACERCA DEL AUTOR

Gustavo Miguel Cinca, oriundo de San Rafael, Mendoza, Argentina, es Ingeniero Químico graduado con honores por la Universidad Nacional de Cuyo. Su carrera profesional se ha desarrollado íntegramente en el sector de la construcción y los montajes industriales, acumulando más de veinte años de experiencia práctica y de gestión.

Inició su trayectoria desempeñando funciones críticas como director de obra in situ en numerosos proyectos de gran envergadura. Posteriormente, fundó y lideró con éxito su propia empresa especializada en el rubro.

A lo largo de su carrera, ha tenido una participación fundamental en el desarrollo de infraestructuras clave tanto en Argentina como en proyectos internacionales, abarcando sectores como procesamiento químico, refino de petróleo, transporte de gas (gasoductos y plantas compresoras) y generación de energía (centrales térmicas).

En cada proyecto bajo su liderazgo, el autor ha implementado rigurosamente un enfoque basado en la excelencia técnica, la seguridad operativa y la aplicación de soluciones innovadoras. Es a partir de esta vasta experiencia de campo que comparte en este libro conocimientos prácticos y herramientas valiosas, orientadas a profesionales y técnicos del sector

EXPLORE MÁS RECURSOS DEL AUTOR

EXPLORE MÁS RECURSOS DEL AUTOR

Si desea profundizar en temas técnicos relacionados con la **construcción, el montaje industrial y la estimación de costos**, le invitamos a conocer otras publicaciones de este autor.

Diseñados para Profesionales y Técnicos

Cada libro ha sido desarrollado pensando en las necesidades de **profesionales, técnicos y contratistas** del sector, ofreciendo herramientas claras, de aplicación práctica y actualizadas para enfrentar los desafíos diarios del rubro.

Contenido Especializado

La colección abarca diversas áreas clave, incluyendo:

Guías detalladas para el **cálculo y estimación de mano de obra**.

Modelos para el **análisis de costos unitarios y presupuestos**.

Métodos para **estimar rendimientos** de equipos y personal.

Estrategias para la definición de **márgenes de beneficio**.

Otros temas relevantes para la gestión eficiente de proyectos.

Disponibilidad

Todos estos materiales se encuentran disponibles en **formato digital** y, en algunos casos seleccionados, también en **formato impreso**. Puede adquirirlos a través de plataformas líderes como:

Amazon

Google Play Books

Apple Books

Otras tiendas y librerías especializadas en línea.

Cómo Encontrar los Títulos

Puede localizar fácilmente todos los títulos disponibles buscando por el **nombre del autor** en las plataformas mencionadas o visitando directamente el sitio web oficial: **calculatemanhours.com**